Adobe
After Effects CC

中文版

艺术设计

实训案例教程

崔炳德 / 编著

 中国青年出版社 CHINA YOUTH PRESS　中青雄狮

图书在版编目（CIP）数据

中文版After Effects CC艺术设计实训案例教程 / 崔炳德编著.
— 北京: 中国青年出版社，2017. 1
ISBN 978-7-5153-4551-2
I.①中…　II.①崔…　III.①图象处理软件–教材　IV.①TP391.41
中国版本图书馆CIP数据核字（2016）第260280号

中文版After Effects CC艺术设计实训案例教程

崔炳德　编著

出版发行：🦁中国青年出版社
地　　址：北京市东四十二条 21 号
邮政编码：100708
电　　话：（010）50856188 / 50856199
传　　真：（010）50856111
企　　划：北京中青雄狮数码传媒科技有限公司

策划编辑：张　鹏
责任编辑：张　军
封面制作：吴艳蜂

印　　刷：山东省高唐印刷有限责任公司
开　　本：787×1092　1/16
印　　张：12
版　　次：2017 年 1 月北京第 1 版
印　　次：2017 年 1 月第 1 次印刷
书　　号：ISBN 978-7-5153-4551-2
定　　价：55.00元（附赠语音视频教学与案例素材文件及PPT课件）

本书如有印装质量等问题，请与本社联系　电话：（010）50856188 / 50856199
读者来信：reader@cypmedia.com
如有其他问题请访问我们的网站: http://www.cypmedia.com.cn

首先，感谢您选择并阅读本书。

After Effects简称AE，是Adobe公司推出的一款图形视频处理软件，适用于从事设计和视频特技工作的用户，如电视台、动画制作公司以及个人后期制作工作室等。利用该软件可以轻松高效地创建让人瞩目的动态图形和震撼人心的视觉效果，可以为电影、视频、DVD和Flash作品增添令人耳目一新的效果。同时，AE可以与Adobe公司推出的其他软件相互协作，因此深受广大用户的青睐。

为了让更多用户在短时间内掌握新版本的使用方法与操作技能，特邀富有经验的一线教师兼设计人员编写了本书，目的是让读者所学即所用，以达到一定的职业技能水平。

本书以最新版的After Effects CC为写作基础，围绕效果制作与特效设计展开介绍，以"理论+实例"的形式，对AE的相关知识进行了全面的阐述，书中更加突出强调知识点的实际应用性。书中每一实例的制作都给出了详细的操作步骤，同时还贯穿了作者在实际工作中得出的实战技巧和经验。正所谓要"授人以渔"，不仅要让读者完全掌握该软件，还能利用它独立完成各种特效的创作。

本书内容概述

章 节	内容概述
Chapter 01	主要介绍了After Effects的工作界面、首选项的设置、影视后期制作知识与基本流程等
Chapter 02	主要介绍了创建项目的方法、导入素材的方法以及合成的相关知识
Chapter 03	主要介绍了图层的应用知识，包括图层的类型、创建方法及常见操作等
Chapter 04	主要介绍了文字特效的知识，包括文字的创建、文字属性的设置、文字动画控制器等
Chapter 05	主要介绍了颜色校正的相关知识，如亮度和对比度效果、色相/饱和度效果、色阶效果、曲线效果、色调效果、三色调效果、保留颜色效果等
Chapter 06	主要介绍了蒙版特效，如图层混合模式、蒙版的创建与设置、蒙版的叠加模式等
Chapter 07	主要介绍了粒子特效，其中包括粒子运动场特效、CC Particle Systems II 特效、CC Particle World特效等
Chapter 08	主要介绍了光效，包括镜头光晕、发光、CC Light Rays、CC Light Burst 2.5、CC Light Sweep等效果
Chapter 09	主要介绍了抠像与跟踪的知识，如差异遮罩、亮度键、内部/外部键、颜色范围、溢出抑制等效果，以及运动跟踪与运动稳定
Chapter 10~12	以综合案例的形式依次介绍了影视节目预告、儿童节电子相册、手机广告特效的制作方法与技巧

赠送超值资料

为了帮助读者更加直观地学习本书，随书附赠的资料中包括如下内容：

- 书中全部实例的素材文件，方便读者高效学习；
- 书中课后实践文件，以帮助读者加强练习，真正做到熟能生巧；
- 语音教学视频，手把手教你学，扫除初学者对新软件的陌生感。

适用读者群体

本书既可作为了解After Effects各项功能和最新特性的应用指南，又可作为提高用户设计和创新能力的指导。本书适用于以下读者：

- 广告公司人员
- 电视台节目制作人员
- 影视后期制作人员
- 多媒体设计人员
- 视频制作爱好者

本书由河北水利电力学院的崔炳德老师编写，全书共计约29万字，在介绍理论知识的过程中，不但穿插了大量的图片进行佐证，还以上机实训作为练习，从而加深读者的学习印象。在本书的编写过程中，老师倾注了大量心血，但恐百密之中仍有疏漏，恳请广大读者及专家不吝赐教。

编　者

目录

中文版
After Effects CC
艺术设计实训案例教程

CONTENTS

Part 01 基础知识篇

Chapter 01 After Effects CC 轻松入门

Chapter 02 创建和管理项目

Chapter **04** 文字特效

Chapter **03** 图层的应用

Chapter **05** 颜色校正

Chapter **06** 蒙版特效

Part 02 综合案例篇

Chapter **10** 制作影视节目预告

Chapter **12** 制作手机广告

Chapter **11** 制作儿童节电子相册

01 PART

基础知识篇

前9章是基础知识篇，主要对After Effects CC各知识点的概念及应用进行详细介绍，熟练掌握这些理论知识，将为后期综合应用中大型案例的学习奠定良好的基础。

Chapter After Effects CC轻松入门

本章概述

After Effects简称AE，是Adobe公司开发的一个视频剪辑及设计软件，是制作动态影像设计不可或缺的辅助工具。通过对本章内容的学习，用户可以全面认识和掌握After Effects CC的工作界面及视频剪辑的基本流程。

核心知识点

❶ After Effects CC的应用领域
❷ After Effects CC的编辑格式
❸ After Effects CC的工作界面
❹ 设置After Effects CC的首选项

1.1 After Effects CC入门必备

After Effects是一款用于高端视频特效系统的专业特效合成软件，在正式学习After Effects CC之前，首先要了解的是After Effects的应用领域以及编辑格式。

1.1.1 After Effects的应用

After Effects应用范围广泛，涵盖影片、电影、广告、多媒体以及网页等多方面，是电视台、影视后期工作室和动画公司的常用软件。

在影视后期处理方面，利用After Effects可以制作出天衣无缝的合成效果。

在制作CG动画方面，利用After Effects可以合成电脑游戏的CG动画，并确保了高质量视频的输出。

在制作特效效果方面，利用After Effects可以制作出令人眼花缭乱的特技，轻松实现使用者的一切创意。

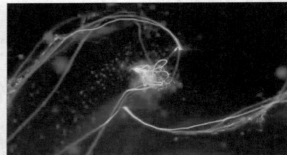

1.1.2 After Effects编辑格式

由于使用After Effects的用户大部分是为了满足电视特效制作的需要，所以应了解数字视频的各种格式。

（1）视频压缩

视频具有直观性、高效性、广泛性等优点，但由于信息量太大，要使视频得到有效的应用，必须首先解决视频压缩编码问题，其次解决压缩后视频质量的保证问题。

由于视频信号的传输信息量大，传输网络带宽要求高，如果直接对视频信号进行传输，以现在的网络带宽来看很难达到，所以就要求在视频信号传输前先进行压缩编码，即进行视频源压缩编码，然后再传送以节省带宽和存储空间。

（2）数字音频

声音是多媒体技术研究中的一个重要内容，声音的种类繁多，如人的话音、动物的叫声、乐器的声响，以及自然界的风雷雨电声等。声音的强弱体现在声波压力的大小上，音调的高低体现在声音的频率上。带宽是声音信号的重要参数，用来描述组成符合信号的频率范围。如高保真声音的频率范围为10-20000Hz，它的带宽约为20KHz。而视频信号的带宽为6MHz。

未处理或合成声音，计算机必须把声波转换成数字，这个过程称为声音数字化，它是把连续的声波信号，通过一种称为模数转换器的部件转换成数字信号，供计算机处理。转换后的数字信号又可以通过数模转换经过放大输出，变成人耳能够听到的声音。

（3）常见的视频格式

常见的视频格式是后期制作的基础，而After Effects支持多种视频格式，常见视频格式包括AVI、MPEG、MOV和ASF等。

1.2 认识After Effects CC

After Effects CC是一个非线性影视软件，它可以利用层的方式将一些非关联的元素关联到一起，从而制作出满意的作品。

启动After Effects CC时，会出现一个启动界面，如下左图所示。待进入其工作界面后，便能看到它的真面目，它是由菜单栏、工具栏、合成窗口、时间轴面板、项目面板以及各类其他面板等模块组成，如下右图所示。

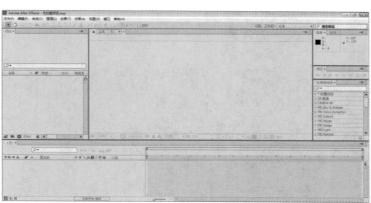

相对于旧版本软件来讲，After Effects CC版本不仅增加了启动界面的立体感，而且在其工作界面中也进行了一些细微的改进。在功能上增加了对GPU和多处理器性能的支持，以及整合CINEMA 4D、增强型动态抠图工具集、像素运动模糊效果、3D摄像机跟踪器等功能。

1.3 After Effects CC首选项设置

通常，系统会按默认设置运行After Effects CC软件，但为了适应用户制作需求，也为了使所制作的作品更能满足各种特技要求，用户可以通过执行"编辑>首选项"命令来设置各类首选项。

1.3.1 常用首选项设置

常用首选项是一些基本的和经常使用的选项设置，包括常规、预览、显示和视频预览等首选项内容。

（1）"常规"选项面板

执行"编辑 > 首选项"命令，打开"首选项"对话框。在"常规"选项面板中，设置软件操作中的一些最基本的操作选项，如下左图所示。

（2）"预览"选项面板

在"首选项"对话框中，切换至"预览"选项面板，在展开的列表中设置项目完成后的预览参数，如下右图所示。

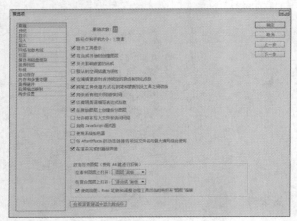

（3）"显示"选项面板

在"首选项"对话框中，切换至"显示"选项面板，在展开的列表中设置项目的运动路径和相应的首选项，如下左图所示。

（4）"视频预览"选项面板

在"首选项"对话框中，切换至"视频预览"选项面板，在展开的列表中设置外部监视器，如下右图所示。

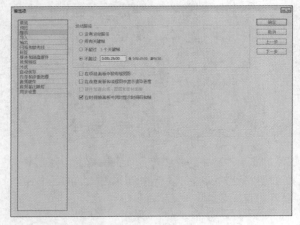
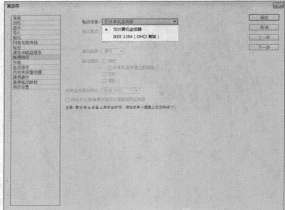

1.3.2 导入和输出首选项设置

导入和输出选项主要用于设置项目中素材的导入参数，以及影片和音频的输出参数和方式。

（1）"导入"选项面板

在"首选项"对话框中，切换至"导入"选项面板，在展开的列表中设置静止素材、序列素材、自动重新加载素材等素材导入选项，如下左图所示。

（2）"输出"选项面板

在"首选项"对话框中，切换至"输出"选项面板，在展开的列表中设置影片的输出参数，如下右图所示。

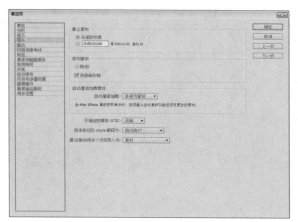

（3）"音频输出映射"选项面板

在"首选项"对话框中，切换至"音频输出映射"选项面板，在展开的列表中设置音频映射时的输出格式，如下左图所示。

在该选项面板中，只包含了"映射其输出"、"左侧"和"右侧"3个选项，每个选项的具体设置与计算机所安装的音频卡相关，用户只需根据当前计算机的音频硬件进行相应的设置即可，一般情况下可以使用默认设置，如下右图所示。

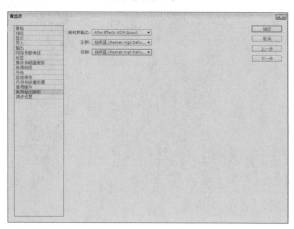
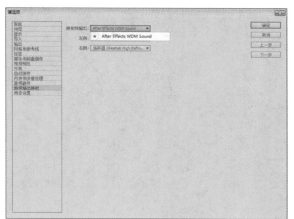

1.3.3 界面和保存首选项设置

界面和保存首选项主要用于设置工作界面中的网格线和参考性、标签、外观，以及软件的自动保存功能首选项，以使软件更加符合用户的使用习惯。

（1）"网格和参考线"选项面板

在"首选项"对话框中，切换至"网格和参考线"选项面板，在展开的列表中设置网格线颜色、网格样式、网格线间隔，以及对称网格、参考线和安全边距等选项，如下左图所示。

（2）"标签"选项面板

在"首选项"对话框中，切换至"标签"选项面板，在展开的列表中设置标签的默认值和默认颜色，如下右图所示。

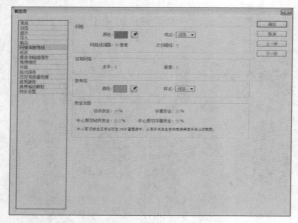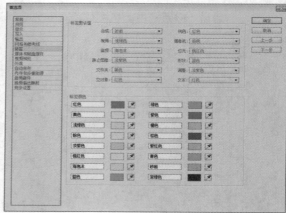

（3）"外观"选项面板

在"首选项"对话框中，切换至"外观"选项面板，在展开的列表中设置相应的选项即可，如下左图所示。

（4）"自动保存"选项面板

在"首选项"对话框中，切换至"自动保存"选项面板，在展开的列表中勾选"自动保存项目"复选框，系统将根据所设置的保存间隔，自动保存当前所操作的项目。只要勾选该复选框，其下方的"保存间隔"和"最大项目版本"选项才变为可用状态，如下右图所示。

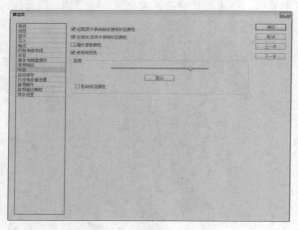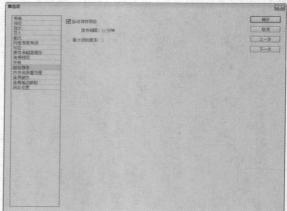

1.3.4 硬件和同步首选项设置

硬件和同步首选项主要用于设置制作项目时所需要的媒体和磁盘缓存、音频硬件，以及新增加的同步设置功能。

（1）"媒体和磁盘缓存"选项面板

在"首选项"对话框中，切换至"媒体和磁盘缓存"选项面板，在展开的列表中设置磁盘缓存、符合媒体缓存和XMP元数据等选项，如下左图所示。

（2）"内存和多重处理"选项面板

在"首选项"对话框中，切换至"内存和多重处理"选项面板，在展开的列表中设置内存和After Effects多重处理选项，如下右图所示。

（3）"音频硬件"选项面板

在"首选项"对话框中，切换至"音频硬件"选项面板，在展开的列表中设置音频的相关选项，如下左图所示。

（4）"同步设置"选项面板

在"首选项"对话框中，切换至"同步设置"选项面板，在展开的列表中设置有关同步设置中的相关选项，如下右图所示。

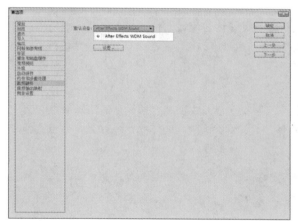

1.4 影视后期制作知识

很多人都在接收来自影视媒体的影响，如电视、电影、视频广告等，但对其后期制作的知识知之甚少，下面我们将着重对影视后期的制作知识进行介绍。

1.4.1 视频基础知识

在影视制作中，由于不同硬件设备、软件的组合使用，以及不同视频标准的差别会引起一系列问题，从而影响画面的最终效果。学习了解视频基础知识对影视制作是非常重要和关键的。

（1）电视制式

电视制式即指传送电视信号所采用的技术标准，通俗地讲，就是电视台和电视机之间共同实行的

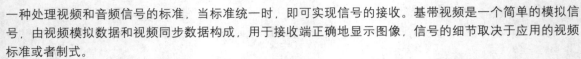

一种处理视频和音频信号的标准，当标准统一时，即可实现信号的接收。基带视频是一个简单的模拟信号，由视频模拟数据和视频同步数据构成，用于接收端正确地显示图像，信号的细节取决于应用的视频标准或者制式。

世界上广泛使用的主要电视广播制式有PAL、NTSC和SECAM制式，中国大部分地区均使用PAL制式，欧美国家、日韩和东南亚地区主要使用NTSC制式，而俄罗斯则主要使用SECAM制式。

（2）电视扫描方式

电视扫描方式主要分为逐行扫描和隔行扫描。逐行扫描是指每一帧图像由电子束顺序地以均匀速度一行接着一行连续扫描而成。而隔行扫描就是在每帧扫描行数不变的情况下，将每帧图像分为两场来传送，这两场分别为奇场和偶场。

（3）数字视频的压缩

由于视频信号的传输信息量大，传输网络带宽要求高，如果直接对视频信号进行传输，以现在的网络带宽来看很难达到，所以就要求在视频信号传输前先进行压缩编码，即进行视频源压缩编码，然后再传送以节省带宽和存储空间。对于视频压缩有两个基本要求：一是必须在一定的带宽内，即视频编码器应具有足够的压缩比；二是视频信号压缩之后，经恢复应保持一定的视频质量。

1.4.2　线性和非线性编辑

线性编辑与非线性编辑对于从事影视制作的工作人员都是非常重要的，这是两种不同的视频编辑方式。

（1）线性编辑

传统的视频剪辑采用了录像带剪辑的方式。传统的线性编辑需要的硬件多，价格昂贵，若硬件设备之间不能很好地兼容，对硬件性能有很大的影响。

（2）非线性编辑

非线性编辑是相对于线性编辑而言的，是直接从计算机硬盘中以帧或文件的方式迅速、准确地存取素材，进行编辑的方式。非线性编辑有很大的灵活性，不受节目顺序的影响，可以按任意顺序进行编辑。

1.4.3　影视后期合成方式

影视后期合成主要包括影片的特效制作、音频制作及素材合成。主要的合成软件有层级合成和节点式合成，其中After Effects和Combustion为层级合成软件，而DFusion、Shake和Premiere则是节点式合成软件。

> **提示** DFusion是用于影视后期、独立的图像处理的特效合成平台。DFusion中的工具都是由专业特效艺术家和编辑(者)根据影视制作需要，专门研发产生的。

1.5　影视后期制作流程

影视后期制作一般包括镜头组接、特效制作、声音合成三个部分。

1. 影视广告制作的基本流程

影视广告制作的后期程序大致为：冲胶片、胶转磁、剪辑、配音、作曲（或选曲）、特技处理（数码制作）以及合成。其中电视摄像机没有胶片、冲洗以及胶转磁的过程。

2. 电视包装制作的基本流程

电视包装制作的基本流程是：设计主题Logo，寻找素材、制作三维模型、绘制分镜头、客户审核、整理镜头、设置三维动画、制作粗模动画、渲染三维成品以及制作成品动画。

知识延伸：影视制作常用概念

1. 帧的概念

帧是影片中的一个单独图像，无论是电视还是电影，利用的动画原理都是图像产生运动。动画是一种将一系列差别很小的画面以一定的速率放映而产生视觉的技术。根据人类视觉暂留现象，连续的静态画面可以产生运动效果，构成的最小单位为帧，即组成动画的每一幅静态画面，一帧就是一幅静态画面。

2. 帧速率

帧速率是视频中每秒包含的帧数。由于视觉暂留的时间非常短，所以为了得到平滑连贯的运动画面，必须使画面的更新达到一定标准，即每秒钟所播放的画面达到一定数量，这就是帧速率。例如，PAL制影片的帧速率是25帧/秒，电影的帧速率是24帧/秒。

3. 像素宽高比

一般DVD的分辨率是720×576或720×480，屏幕宽高比为4:3或16:9，但720×576或720×480如果按正方形像素算，屏幕宽高比却不是4:3或16:9。这是因为它们所使用的像素不是正方形，而是长方形的。这种长方形像素也有个宽高比，即像素宽高比。

4. 场的概念

场是因隔行扫描系统产生的，两场为一帧。目前我们所看到的普通电视的成像，实际上是由两条叠加的扫描折线组成的。

5. 视频时间码

时间码是摄像机在记录图像信号时，针对每一幅图像记录的唯一的时间编码，是一种应用于流的数字信号，现在所有的数码摄像机都具有时间码功能。

 上机实训：调整After Effects CC工作界面

在利用After Effects CC工作时，为满足不同人对界面的要求，可对外观进行更改。下面将介绍在Premiere Pro CC中更改外观首选项以及将工作界面颜色调整为灰色等操作。

1. 新建合成

步骤 01 在"项目"面板中的空白处单击鼠标右键，选择"新建合成"命令，如下图所示。

步骤 02 在"合成设置"对话框中，设置"合成名称"为"合成1"并设置合成的基本参数，如下图所示。

2. 设置首选项参数

步骤 01 单击"确定"按钮后，即可观看到工作界面效果，如下图所示。

步骤 02 执行"编辑>首选项>外观"命令，如下图所示。

3. 浏览编辑效果

步骤 01 在弹出的"首选项"对话框中调整外观颜色，如下图所示。

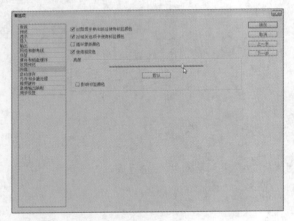

步骤 02 单击"确定"按钮后，即可看到工作界面颜色变成灰色，如下图所示。

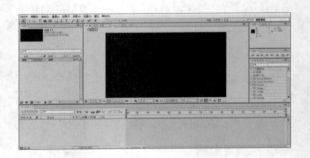

Chapter 02 创建和管理项目

本章概述

创建和管理项目是影视后期制作的首要步骤，在本章中，将详细介绍创建和管理项目的基础知识和操作技巧，为用户使用After Effects CC制作高质量的影片奠定坚实的基础。

核心知识点

❶ 新建和设置项目
❷ 导入素材
❸ 管理和解释素材
❹ 嵌套合成

2.1 创建项目

启动After Effects CC软件时，系统会创建一个采用默认设置的项目。如果用户要制作比较特殊的项目，则需新建项目并对项目进行更详细的设置。

2.1.1 新建项目

After Effects CC中的项目是一个文件，用于存储合成图形及项目素材使用的所有源文件的引用。在新建项目之前，用户需要先了解一下项目的基础知识。

（1）项目概述

当前项目的名称显示在After Effects CC窗口的顶部，一般使用.aep作为文件扩展名。除了该文件扩展名外，After Effects还支持模板项目文件的.aet文件扩展名和.aepx文件扩展名。

（2）新建空白项目

在After Effects CC中，依次执行"文件>新建>新建项目"命令，即可创建一个采用默认设置的空白项目，如下左图所示。用户也可以使用Ctrl+Alt+N组合键，快速创建一个空白项目，如下右图所示。

 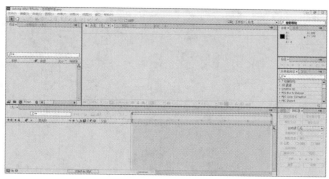

2.1.2 设置项目

当用户制作一些具有特殊要求的影片时，则需要设置新建项目的各种属性。在"项目属性"对话框中，主要包括时间显示样式、颜色设置和音频设置3种属性。

执行"文件>项目设置"命令，如下左图所示。在弹出的"项目设置"对话框中，进行相应的设置即可，如下右图所示。

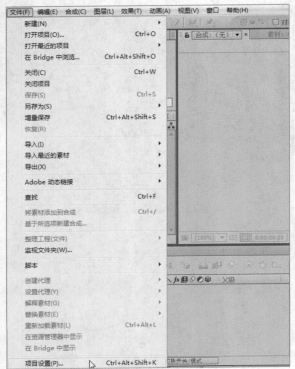
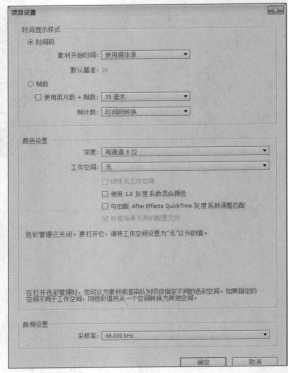

2.1.3　打开项目文件

After Effects CC为用户提供了多种项目文件的打开方式，包括打开项目和打开最近项目等。

（1）打开项目

当需要打开本地计算机中所存储的项目文件时，执行"文件>打开项目"命令或使用Ctrl+O快捷键，如下左图所示。在弹出的"打开"对话框中，选择相应的项目文件，单击"打开"按钮即可，如下右图所示。

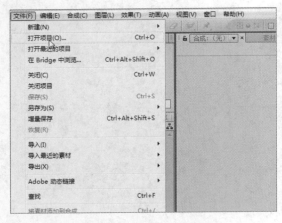

（2）打开最近使用项目

执行"文件>打开最近的项目"命令，如下左图所示。在展开的菜单中选择具体的项目，即可打开最近的使用项目文件，如下右图所示。

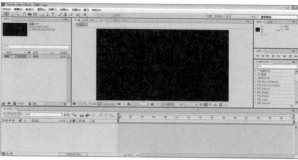

2.1.4 保存和备份项目

创建并编辑完项目之后，为防止项目内容丢失，还需要保存和备份项目。

（1）保存项目

保存项目是将新建项目或重新编辑的项目保存在本地计算机中。对于新建项目，需要执行"文件>保存"命令，如下左图所示。在弹出的"另存为"对话框中设置保存名称和位置，单击"保存"按钮即可，如下右图所示。

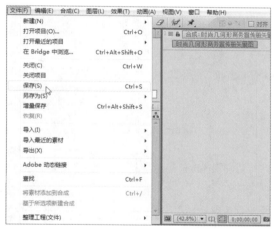

（2）将项目保存为副本

如果需要将当前项目文件保存为副本，则可以依次执行"文件>另存为>保存副本"命令，如下左图所示。在弹出的"保存副本"对话框中设置保存名称和位置，单击"保存"按钮即可，如下右图所示。

（3）保存为XML文件

当用户需要将当前项目文件保存为XML编码文件时，要依次执行"文件>另存为>将副本另存为XML"命令，如下左图所示。在弹出的"副本另存为XML"对话框中设置保存名称和位置，单击"保存"按钮，如下右图所示。

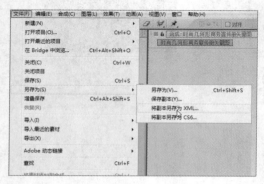

2.2 导入素材

在After Effects CC中，除了可以依靠内置的矢量图形功能增加动态效果之外，还需要导入一些外部素材来丰富动画素材。

2.2.1 素材格式

在使用After Effects CC制作影视特效时，不仅能导入视频文件、动画文件、静止图片文件，还可以导入声音格式的文件。

（1）视频素材格式

视频素材是由一系列单独的图像组成的素材形式，如MOV、AVI、WMV、MPEG等。

（2）图像素材格式

图像素材是指各类摄影和设计图片，是影视特效制作中运用得最为普遍的素材。After Effects CC支持的图像素材格式包括JPEG、JPG、GIF、PNG、TIFF、BMP等。

（3）音频素材格式

音频素材主要是指一些特效声音、字幕配音、背景音乐等，After Effects CC中常用的声音素材是WAV和MP3格式。

2.2.2 导入素材

导入素材有两种方法，一是通过菜单导入，二是通过"项目"面板导入。通过菜单导入，即依次执行"文件>导入>文件"命令，或按Ctrl+I组合键，如下左图所示。在弹出的"导入文件"对话框中选择需要导入的文件即可，如下右图所示。

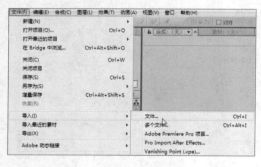

通过"项目"面板导入素材时，首先在"项目"面板的空白处右击，在弹出的快捷菜单中执行"导入>文件"命令，如下左图所示。也可打开"导入文件"对话框，如下右图所示。

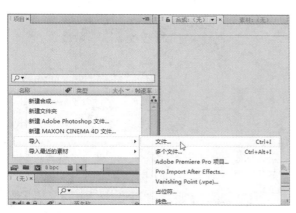

实例01 一次性导入多个图片素材

After Effects CC在影视节目制作过程中，经常需要一次性导入多个素材，以便更快捷地工作。本案例将详细介绍如何同时导入多个素材，具体如下。

1. 新建合成

步骤 01 依次执行"合成>新建合成"命令，或者单击"项目"面板底部的"新建合成"按钮，如下图所示。

步骤 02 在弹出的"合成设置"对话框中设置相应选项即可，如下图所示。

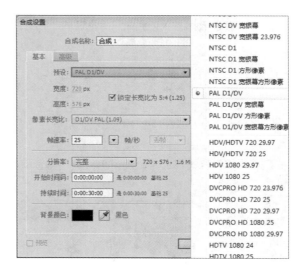

2. 导入多个素材

步骤 01 依次执行"文件>导入>文件"命令，如下图所示。

步骤 02 在弹出的"导入文件"对话框中，按住Ctrl或Shift键的同时选择需要导入的文件，如下图所示。

步骤 03 单击"导入"按钮，即可一次性将所选的素材导入到"项目"面板中，如下图所示。

步骤 04 双击其中一个素材，即可在合成窗口预览效果，如下图所示。

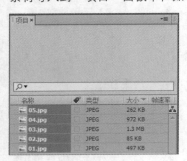

2.3 组织素材

导入大量素材之后，为保证后期制作工作有序开展，还需要对素材进行一系列的管理和解释。

2.3.1 管理素材

导入素材之后，用户可以根据其类型和使用顺序，对素材进行一系列的管理操作。例如，排序素材、归纳素材和搜索素材。

（1）排序素材

在"项目"面板中，素材的排列方式是以"名称"、"类型"、"尺寸"、"文件路径"等属性进行显示的。如果用户需要改变素材的排列方式，则需要在素材的属性标签上单击，即可按照该属性进行升序排列，如下图所示。

中文版After Effects CC艺术设计实训案例教程

（2）归纳素材

归纳素材是通过创建文件夹，然后将不同类型的素材分别放置相应文件夹中的方法，来对素材进行整理归类的。

执行"文件>新建>新建文件夹"命令，单击"项目"面板底部的"新建文件夹"选项按钮，即可创建文件夹，如下左图所示。此时，系统默认为文件夹重命名状态，直接输入文件夹名称，并将素材拖入到文件夹中即可，如下右图所示。

（3）搜索素材

当素材非常多时，如果想要快速找到需要的素材，可以在搜索框中输入相应的关键字，符合该关键字的素材或文件夹就会显示出来，其他素材将会自动隐藏，如下图所示。

2.3.2 解释素材

导入素材时，系统会默认根据源文件的像素长宽比、帧速率、颜色配置和Alpha通道类型来解释每个素材项目。当内部规则无法解释所导入的素材，或用户需要以不同的方式来使用素材，则需要通过设置解释规则来解释这些特殊需求的素材。

在"项目"面板中选择某个素材，依次执行"文件>解释素材>主要"命令，如下左图所示。或直接单击"项目"面板底部的"解释素材"按钮，弹出"解释素材"对话框，如下右图所示。

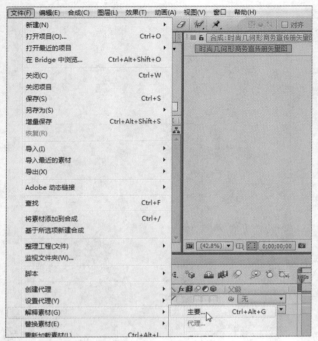
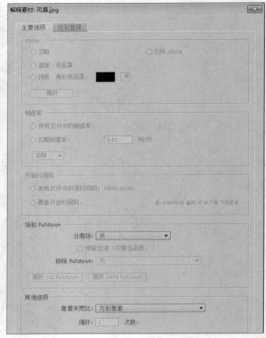

（1）设置Alpha通道

当带有Alpha通道的素材导入AE后，系统将会打开该对话框并自动识别Alpha通道。而当系统无法识别Alpha通道时，则可以在Alpha选项组中设置Alpha通道，如下左图所示。

（2）设置帧速率

帧速率是指定每秒从源素材项目对图像进行多少次采样，以及设置关键帧时所依据的时间划分方法等内容。在"帧速率"选项组中，主要包括使用文件中的帧速率和匹配帧速率两个选项，如下右图所示。

（3）设置场和Pulldown

After Effects CC可为D1和DV视频素材自动分离场，而对于其他素材则可以选择"高场优先"、"低场优先"或"关"选项来设置分离场，如下左图所示。

（4）设置其他选项

"其他选项"选项组主要用于设置像素宽高比，用户可以通过"循环"选项设置视频的循环播放次数，如下右图所示。

2.4 认识合成

视频动画是在合成文件中制作的，"合成"窗口的功能就是用来合成作品，此外，合成的作品不仅能够独立工作，还可以作为素材使用。

2.4.1 新建合成

合成是影片的框架，包括视频、音频、动画文本、矢量图形等多个图层。合成一般用来组织素材，在After Effects CC中，用户既可以新建一个空白的合成，也可以根据素材新建包含素材的合成。

（1）新建空白合成

执行"合成>新建合成"命令，如下左图所示，或者单击"项目"面板底部的"新建合成"按钮，在弹出的"合成设置"对话框中设置相应选项即可，如下右图所示。

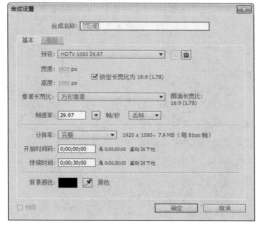

（2）基于单个素材新建合成

当"项目"面板中导入外部素材文件后，还可以通过素材建立合成。在"项目"面板中选中某个素材，执行"文件>基于所选项新建合成"命令，或者将素材拖至"项目"面板底部的"新建合成"按钮即可，如下图所示。

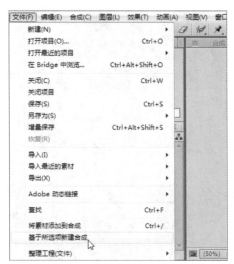

（3）基于多个素材新建合成

在"项目"面板中同时选择多个文件，执行"文件>基于所选项新建合成"命令，如下左图所示，或将多个素材拖至"项目"面板底部的"新建合成"按钮上，系统将弹出"基于所选项新建合成"对话框，如下右图所示。

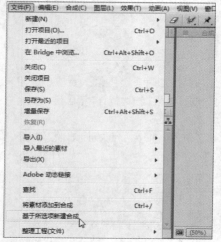
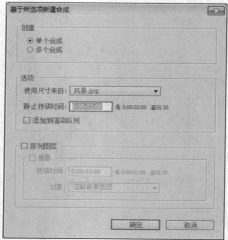

2.4.2　合成窗口

合成窗口主要是用来显示各个层的效果，不仅可以对层进行移动、旋转、缩放等直观的调整，还可以显示对层使用滤镜等的特效。

合成窗口分为预览窗口和操作区域两大部分，预览窗口主要用于显示图像，而在预览窗口的下方则为包含工具栏的操作区域，如下图所示。

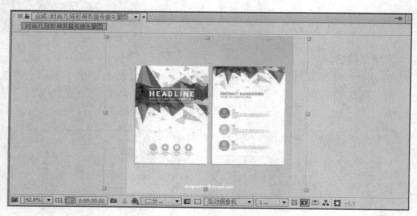

2.4.3　时间轴面板

时间轴面板是编辑视频特效的主要面板，用来管理素材的位置，并且在制作动画效果时，定义关键帧的参数和相应素材的出入点和延时，如下图所示。

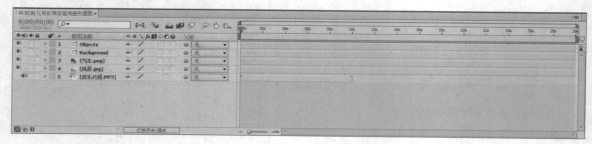

中文版After Effects CC艺术设计实训案例教程

2.4.4 嵌套合成

合成的创建是为了视频动画的制作，而对于效果复杂的视频动画，还可以将合成作为素材，放置在其他合成中，形成视频动画的嵌套合成效果。

（1）嵌套合成的概述

嵌套合成是一个合成包含在另一个合成中，显示为包含的合成中的一个图层。嵌套合成又称为预合成，是由各种素材以及合成组成。

（2）生成嵌套合成

可通过将现有合成添加到其他合成中的方法，来创建嵌套合成。在时间轴面板中选择单个或多个图层名称并右击，执行"预合成"命令，如下左图所示。在弹出的"预合成"对话框中创建嵌套合成，如下右图所示。

 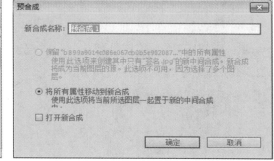

实例02 新建嵌套合成

嵌套合成在After Effects CC的应用十分广泛，对于效果复杂的视频动画，需要视频动画的嵌套合成效果。本案例将详细介绍嵌套合成的创建操作，具体步骤如下。

1. 新建合成并导入素材

步骤01 依次执行"合成>新建合成"命令，或者单击"项目"面板底部的"新建合成"按钮，如下图所示。

步骤02 在弹出的"合成设置"对话框中设置相应选项即可，如下图所示。

 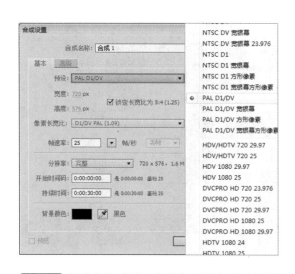

步骤03 依次执行"文件>导入>文件"命令，或按快捷键Ctrl+I，如下图所示。

步骤04 在弹出的"导入文件"对话框中选择需要导入的文件，如下图所示。

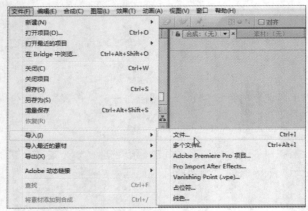 

2. 新建嵌套合成

步骤 01 单击"导入"按钮后，选中"项目"面板中的素材并拖入时间轴面板中，如下图所示。

步骤 02 选择时间轴面板上的"01.jpg"、"05.jpg"和"spring.mp3"素材，右击执行"预合成"命令，如下图所示。

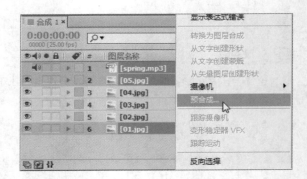

步骤 03 在弹出的"预合成"对话框中设置相应参数，如下图所示。

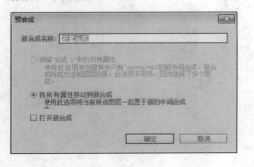

步骤 04 单击"确定"按钮后即可在时间轴面板中浏览嵌套合成，如下图所示。

 ## 知识延伸：导入序列素材和PSD素材

在After Effects CC中，除了导入常见素材文件之外，用户还需要了解导入一些特殊素材的方式。下面将对导入序列素材和PSD素材的方式进行介绍。

中文版After Effects CC艺术设计实训案例教程

（1）导入序列素材

步骤 01 在"项目"面板中的空白处单击鼠标右键，选择"导入>文件"命令，或按快捷键Ctrl+I，如下图所示。

步骤 03 在弹出的解释素材对话框中选择"直接-无遮罩"选项，如下图所示。

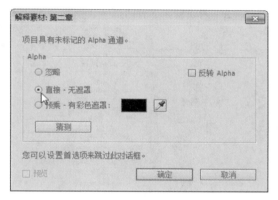

（2）导入PSD素材

步骤 01 在"项目"面板中的空白处单击鼠标右键，选择"导入>文件"命令，或按快捷键Ctrl+I，如下图所示。

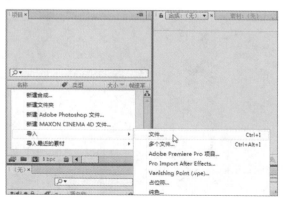

步骤 02 在弹出的"导入文件"对话框中选择需要导入的文件，并勾选"Targa序列"复选框，如下图所示。

步骤 04 单击"确定"按钮后，即导入序列文件，如下图所示。

步骤 02 在弹出的"导入文件"对话框中选择需要导入的文件，如下图所示。

步骤 03 在弹出的对话框中选择"导入种类"为"合成",如下图所示。

步骤 04 单击"确定"按钮后,即导入PSD文件,如下图所示。

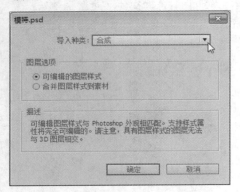

上机实训:以合成的方式导入AI文件

After Effects CC制作影视节目过程中,会应用到不同格式的素材,用户需要根据素材的格式来选择导入方式,下面将详细介绍导入AI文件的方法。

步骤 01 在"项目"面板中的空白处单击鼠标右键,选择"新建合成"命令,如下图所示。

步骤 02 在"合成设置"对话框中,参数设置如下图所示。

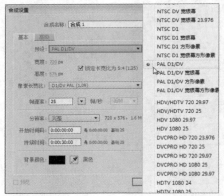

步骤 03 单击"确定"按钮后,在"项目"面板的空白处单击鼠标右键,依次执行"导入>文件"命令,如下图所示。

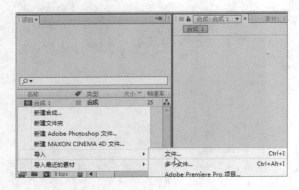

步骤 04 在弹出的对话框中选择所需素材文件,单击"导入"按钮,如下图所示。

步骤 05 在弹出的对话框中选择"导入种类"为 "合成",如下图所示。

步骤 06 单击"确定"按钮后,即可导入AI文件, 如下图所示。

课后实践

1. 基于文件创建合成

操作要点

01 导入所需素材;

02 选择素材并右击,在弹出的快捷菜单中选择 "基于所选项新建合成"命令;

03 在弹出的对话框中设置合成参数。

2. 导入TGA格式素材

操作要点

01 执行"文件>导入>文件"命令,或在"项 目"面板双击,导入所需文件;

02 在弹出对话框中对TGA格式素材进行解释;

03 在"合成"对话框中预览素材效果。

Chapter 03 图层的应用

本章概述

After Effects CC中的图层是构成合成的基本元素，既可以存储类似Photoshop图层中的静止图片，又可以存储动态的视频。在本章中，将详细介绍After Effects CC图层的种类、创建方法、属性以及基本操作等知识内容。

核心知识点

❶ 图层的种类及属性
❷ 图层的创建方法
❸ 图层的基本操作
❹ 父子图层

3.1 图层概述

After Effects引入了Photoshop中层的概念，不仅能够导入Photoshop产生的层文件，还可在合成中创建层文件。将素材导入合成中，素材会以合成中一个层的形式存在，将多个层进行叠加制作，以便得到最终的合成效果。

3.1.1 图层的种类

After Effects CC除了可以导入视频、音频、图像、序列等素材外，还可以创建不同类型的图层，这些图层包括文本、纯色、灯光、摄像机等。

（1）素材图层

素材图层是将图像、视频、音频等素材从外部导入到AE软件中，然后添加到时间轴面板中形成的图层，用户可以对其执行移动、缩放、旋转等操作，如下左图所示。

（2）文本图层

使用文本图层可以快速地创建文字，并对文本图层制作文字动画，还可以进行移动、缩放、旋转及透明度的调节等操作，如下右图所示。

（3）纯色图层

纯色图层主要用来制作影片中的蒙版效果，也可以作为承载编辑的图层，如下左图所示。

（4）灯光图层

灯光图层用来模拟不同种类的真实光源，而且可以模拟出真实的阴影效果，如下右图所示。

中文版After Effects CC艺术设计实训案例教程

036

（5）摄像机图层

摄像机图层常用来起到固定视角的作用，并且可以制作摄像机动画，模拟真实的摄像机游离效果，如下左图所示。

（6）空对象图层

空对象图层可以在素材上进行效果和动画设置，起到制作辅助动画的作用，如下右图所示。

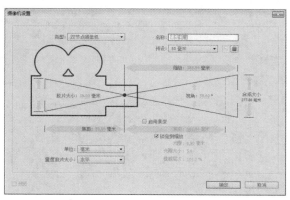

（7）形状图层

形状图层可以制作多种矢量图形效果，在不选择任何图层的情况中，使用遮罩工具或钢笔工具直接在"合成"面板中绘制形状，如下左图所示。

（8）调整图层

调整图层可以用来辅助影片素材进行色彩和效果调节，并且不影响素材本身。调整图层可以对该层下的所有图层起到作用，如下右图所示。

3.1.2　图层的创建方法

在After Effects中制作项目一般都需要创建图层，而创建图层主要有两种方法，即拖曳素材创建图层和新建图层。

（1）拖曳素材创建图层

把"项目"面板中的素材文件直接拖曳到时间轴面板中，在弹出的"基于所选项新建合成"对话框中设置参数，即可创建一个素材图层，如下图所示。

（2）新建图层

在时间轴面板的空白处单击鼠标右键，在弹出的菜单中选择"新建"命令，并在子菜单中选择所需图层类型，如下左图所示。即可创建一个素材图层，如下右图所示。

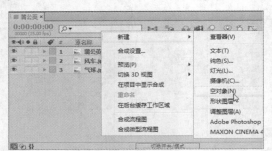 

3.2 图层属性

每个图层都具有相应的属性，用户可以通过设置图层属性，为图层添加动画效果，本小节将对图层的相关属性进行介绍。

3.2.1 锚点属性

锚点控制图层的旋转或移动中心，用户除了可以在时间轴面板中进行精确地调整，还可以使用相应的工具在"合成"面板中手动调整。设置素材不同锚点参数的对比效果如下图所示。

3.2.2 位置属性

图层位置是指图层对象放置的位置,用户可以使用横向的X轴和纵向的Y轴,精确地调整图层的位置,设置素材不同位置参数的效果如下左图所示。

3.2.3 缩放属性

用户可以需要设置图层的缩放比例,使图层按照指定的比例进行缩放。设置素材不同缩放参数的效果如下右图所示。

3.2.4 旋转属性

图层的旋转属性不仅提供了用于定义图层对象角度的旋转角度参数,还提供了用于制作旋转动画效果的旋转圈数参数。设置素材不同旋转参数的效果如下左图所示。

3.2.5 不透明度属性

通过设置不透明属性,调整图层的透明效果,从而可以透过上面的图层查看到下面图层对象的状态。设置素材不同透明度参数的效果如下右图所示。

 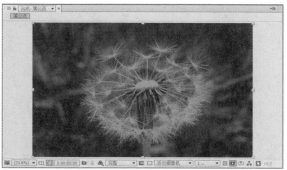

实例03 制作相框展示效果

利用After Effects CC不仅可以进行复杂专业的影视包装和视觉特技的制作,还可以通过设置图层属性制作精美的展示效果。在此将以相框展示效果的制作为例展开介绍。

1. 新建合成并导入素材

步骤 01 依次执行"合成>新建合成"命令,或者单击"项目"面板底部的"新建合成"按钮,如下左图所示。

步骤 02 在弹出的"合成设置"对话框中设置相应参数即可,如下右图所示。

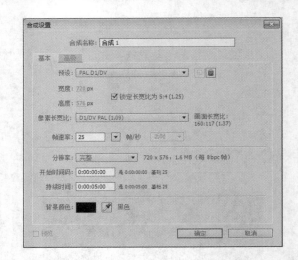

步骤 03 依次执行"文件>导入>文件"命令，或按Ctrl+I组合键，如下左图所示。

步骤 04 在弹出的"导入文件"对话框中选择需要导入的文件，如下右图所示。

2. 设置图层属性

步骤 01 单击"导入文件"对话框中的"导入"按钮后，将"项目"面板中的"相框.jpg"和"窗户.jpg"素材拖至时间轴面板，并为"窗户.jpg"素材设置参数，如下图所示。

步骤 02 然后展开"相框.jpg"素材的"变换"属性，并设置相关参数，如下图所示。

步骤 03 设置完成后即可在"合成"窗口中预览效果，如下图所示。

步骤 04 把"项目"面板中的"相片1.jpg"素材拖到时间轴面板并调整位置，如下图所示。

步骤 05 设置"相片1.jpg"素材的"变换"属性参数，如下图所示。

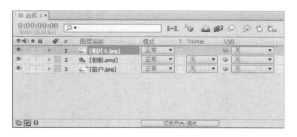

步骤 06 设置完成后预览效果，如下图所示。

步骤 07 用同样的方法将"相片2.jpg"素材拖到时间轴面板并调整位置，如下图所示。

步骤 08 设置"相片2.jpg"素材的"变换"属性参数，如下图所示。

步骤 09 设置完成后预览效果，如下图所示。

步骤 10 用同样的方法将"相片3.jpg"素材拖到时间轴面板并调整位置，如下图所示。

步骤 11 设置"相片3.jpg"素材的"变换"属性参数,如下图所示。

步骤 12 设置完成后预览效果,如下图所示。

步骤 13 在时间轴面板右击,依次执行"新建>调整图层"命令,如下图所示。

步骤 14 为"调整图层1"调整位置,如下图所示。

步骤 15 在"效果和预设"面板中选择"模糊和锐化>快速模糊"选项,将该特效添加到"窗户.jpg"图层中,如下图所示。

步骤 16 在效果控件面板中设置相关参数,如下图所示。

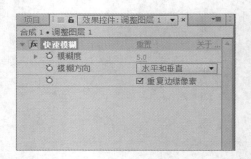

步骤 17 依次执行"文件>保存"命令,保存项目文件完成上述操作。即可在"合成"窗口中预览效果,如右图所示。

3.3 图层的基本操作

利用图层功能，不仅可以放置各种类型的素材对象，还可以对图层进行一系列的操作，以查看和确定素材的播放时间、顺序和编辑情况。

3.3.1 图层的排序

在After Effects CC中，可以使用序列图层功能，快速地衔接相应的视频片段。将素材直接拖曳到时间轴面板中，如下左图所示。选中所有图层，依次执行"动画>关键帧辅助>序列图层"命令，在弹出的"序列图层"对话框中单击"确定"按钮，如下右图所示。

3.3.2 图层的对齐

在After Effects CC的"对齐"面板中，可排列或均匀分隔所选图层，也可以竖直或水平对齐或分布图层。选中需要进行对齐的多个图层，依次执行"窗口>对齐"命令，如下左图所示。打开"对齐"面板，选择所需的对齐方式即可，如下右图所示。

3.3.3 标记图层

在视频编辑中，不仅要对画面进行编辑，有时还需要对相应的音频进行编辑，这时需要在同一个时间点添加标记。选择需要添加编辑的图层，将时间指示器移到相应的时间点，依次执行"图层>添加标记"命令。双击标记，在弹出的"图层标记"对话框中设置相应的参数，即为标记添加注释。

3.3.4 编辑图层出入点

图层的入点、出点和时间位置的设置是紧密联系的，调整出入点的位置就会改变时间位置。通过直接拖动或是快捷键Alt+【和Alt +】，都可以定义图层的出入点，如下图所示。

3.3.5 拆分图层

在After Effects CC中，可以通过时间轴面板，将一个图层拆分为两个独立的图层，以方便用户在图层中进行不同的处理。

在时间轴面板中，选择一个或多个图层，将时间指示器移到需要拆分图层的位置，依次执行"编辑>拆分图层"命令，即可对所选图层进行拆分，拆分前后对比效果如下图所示。

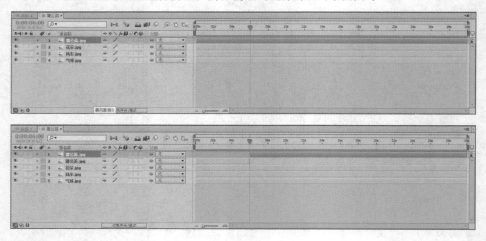

3.3.6 提取/挤出图层

提取/挤出图层主要用于删除图层中的部分内容，其提取可以在保留该时间长度空间的同时，清空该时间长度的内容，如下图所示。

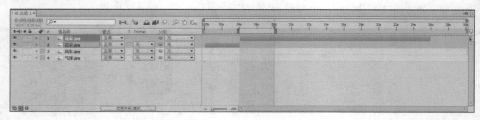

而挤出图层则可以在清空该时间长度内容的同时，删除相应的长度空间，如下图所示。

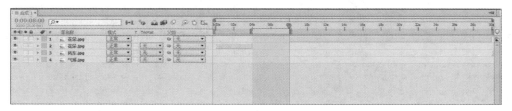

 知识延伸：父子图层和父子关系

"父级"功能可以使一个子级层继承另一个父级层的属性，当父级层的属性改变时，子级层的属性也会发生变化。父级影响除"不透明度"以外的所有变换属性，包括："位置"、"缩放"、"旋转"和（针对3D图层）"方向"等。

选择一个图层，单击"父级"栏下该图层的"无"按钮，如下左图所示；在弹出的列表中选择一个图层作为该图层的父层，如下右图所示。

选择一个图层作为子层，单击该层"父级"栏下的按钮，如下左图所示。按住并移动鼠标，拖曳出一条连线移动到作为父级的图层上，即可在两个图层上建立父子关系，如下右图所示。

 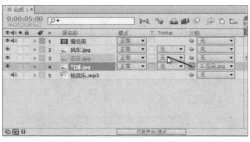

上机实训：制作星空闪烁效果

通过对上述内容的学习，接下来通过为图层添加关键帧来制作简单的动画。本例将制作一个星空闪烁的动画效果，其具体操作方法介绍如下。

1. 新建合成并导入素材

步骤01 执行"合成>新建合成"命令，或者单击"项目"面板底部的"新建合成"按钮，如下图所示。

步骤02 在弹出的"合成设置"对话框中设置相应的参数即可，如下图所示。

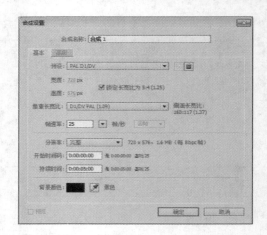

步骤 03 依次执行"文件>导入>文件"命令，或按Ctrl+I组合键，如下图所示。

步骤 04 在弹出的"导入文件"对话框中选择需要导入的文件，如下图所示。

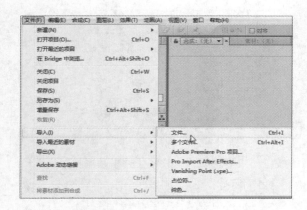

2. 编辑图层属性

步骤 01 单击"导入文件"对话框中的"导入"按钮后，将"项目"面板的素材拖至时间轴中，在"合成"窗口预览效果，如下图所示。

步骤 02 选中"夜晚.jpg"图层，设置"变换"属性相关参数，如下图所示。

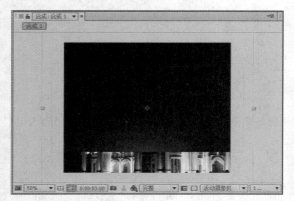

步骤 03 选中"星空.jpg"图层，设置"变换"属性相关参数，如下图所示。

步骤 04 完成上述操作之后在"合成"窗口预览效果，如下图所示。

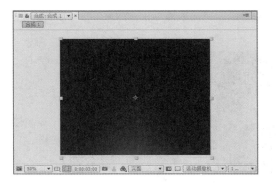

3. 设置图层效果

步骤 01 选中"星空.jpg"图层,设置模式为"相加",如下图所示。

步骤 02 完成后可预览效果,如下图所示。

步骤 03 在时间轴面板空白处右击,依次执行"新建>形状图层"命令,如下图所示。

步骤 04 在工具栏中选择星形工具,如下图所示。

步骤 05 在"合成"窗口绘制一个五角星图形,如下图所示。

步骤 06 设置"形状图层1"的属性参数,颜色为RGB(255,180,60),如下图所示。

步骤 07 设置完成后即可预览效果，如下图所示。

步骤 08 选中"形状图层1"，依次执行"效果>风格化>发光"命令，如下图所示。

步骤 09 在效果控件面板中设置"发光"效果的相关参数，如下图所示。

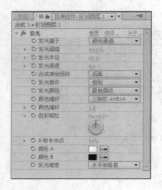

步骤 10 完成上述操作后即可预览效果，如下图所示。

步骤 11 选中"形状图层1"，把时间指示器拖至00:00:01:00处，给"旋转"和"不透明度"添加第一个关键帧，设置参数值均为0，如下图所示。

步骤 12 用同样的方法在00:00:02:00处，给"旋转"和"不透明度"添加第二个关键帧，设置参数为10°和75%，如下图所示。

步骤 13 设置完成后即可预览效果，如下图所示。

步骤 14 选中"形状图层1"并复制一个图层，如下图所示。

步骤 15 选中"形状图层2"，设置"变换"属性，如下图所示。

步骤 16 用同样的方法复制"形状图层2"，如下图所示。

步骤 17 选中"形状图层3"，设置"变换"属性，如下图所示。

步骤 18 完成上述操作之后，在"合成"窗口中预览效果，如下图所示。

 课后实践

1. 利用文本图层制作字幕效果

01
02
03 图层的应用
04
05
06
07
08
09
10
11
12

01 掌握新建图层的几种不同方式；

02 在 "合成" 窗口中输入文字sunshine；

03 在 "字符" 面板中设置字体颜色等相关属性。

2. 对图层进行排序

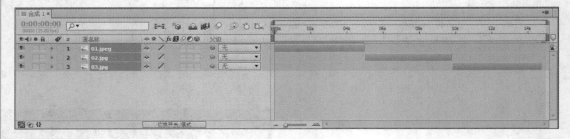

01 掌握序列图层对多个素材的衔接排列使用；

02 执行 "动画>关键帧辅助>序列图层" 命令；

03 在弹出的 "序列图层" 对话框中设置参数。

Chapter 04 文字特效

本章概述

文字在视频制作过程中起着重要的作用，视频动画中文字动画一般都是通过后期软件来制作的，添加绚丽的文字动画能够丰富视频画面，吸引视线。本章主要讲解After Effects CC中文字的创建及使用。

核心知识点

① 文字的创建与编辑
② 文字属性的设置
③ 文字动画控制器
④ 预置文本动画特效

4.1 文字的创建与编辑

After Effects CC提供了较完整的文字创建与编辑功能，除了可以通过横排文字工具和直排文字工具输入文字外，还能够对文字属性进行修改。

4.1.1 创建文字

在After Effects中创建文字通常有三种方式，分别是利用文本层、文本工具和文本框，下面分别进行介绍。

（1）利用文本层创建

在时间轴面板的空白处单击鼠标右键，在弹出的菜单中选择"新建>文本"命令，如下左图所示。创建完成后，在合成窗口单击后，输入文字即可，如下右图所示。

（2）利用文本工具创建

在工具栏中选择直排文字工具或使用Ctrl+T组合键，如下左图所示。在合成窗口单击，即可输入文字，如下右图所示。

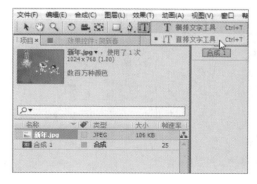 

（3）利用文本框创建

在工具栏中选择横排文字工具或直排文字工具，然后在合成窗口中按住鼠标左键并拖动，绘制一个矩形文本框，如下左图所示。直接输入文字，按回车键完成输入，如下右图所示。

4.1.2 编辑文字

在创建文本之后，可以根据视频的整体布局和设计风格对文字进行适当的调整，包括字体大小、填充颜色及对齐方式等。

（1）设置字符格式

选择文字后，可以在"字符"面板中对文字的字体系列、字体大小、填充颜色和是否描边等属性进行设置。依次执行"窗口>字符"命令（如下左图所示）或按Ctrl+6组合键，即可调出"字符"面板，从中可以对字体、颜色、边宽等属性进行更改，如下右图所示。

 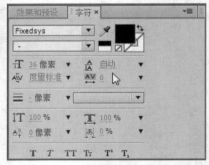

（2）设置段落格式

在选择文字后，可以在"段落"面板中对文字的对齐方式、缩进和段间距等格式进行设置。依次执行"窗口>段落"命令，如下左图所示。即可调出"段落"面板，从中可以对文字的对齐方式和段间距等参数进行设置，如下右图所示。

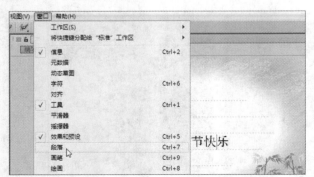 

4.2　文字属性的设置

AE中的文字是一个单独的图层，包括"变换"和"文本"属性。通过设置这些基本属性，不仅可以增加文本的实用性和美观性，还可以为文本创建最基础的动画效果。

4.2.1　设置文字基本属性

在时间线面板中，展开文本图层中的"文本"选项组，可通过其"源文本"等子属性更改文本的基本属性。

执行"效果>过时>基本文字"命令，如下左图所示。在弹出的"基本文字"对话框中设置参数，如下右图所示。

4.2.2　设置文字路径属性

文本图层中的"路径选项"属性组，是沿路径对文本进行动画制作的一种简单方式。用户不仅可以指定文本的路径，还可以改变各个字符在路径上的显示方式。

依次执行"效果>过时>路径文本"命令，在弹出的"路径文本"对话框中设置相应的参数，如右图所示。

4.3　文字动画控制器

用户可以通过内置的文本动画控制器，对整个文本图层制作动画效果。

4.3.1　动画控制器

通过动画控制器为文本制作基础动画的方法为：执行"动画>动画文本"命令，或是在时间轴面板上单击"动画"按钮，即可为文本添加动画效果。

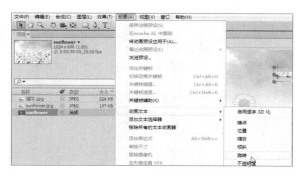

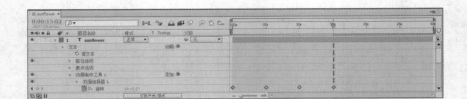

4.3.2 范围控制器

在为文本图层添加动画效果后，单击其属性右侧的"添加"按钮，依次选择"选择器>范围"选项，如下左图所示，即可显示"范围选择器1"属性组，如下右图所示。根据其属性的具体功能，可划分为基础选项和高级选项。

4.3.3 摆动控制器

摆动控制器可以控制文本的抖动，配合关键帧动画制作出更加复杂的动画效果。单击"添加"按钮，执行"选择器>摆动"命令，如下左图所示。即可显示"摆动选择器1"属性组，如下右图所示。

实例04 设置文字动画效果

利用After Effects CC可以制作多种多样的文字动画效果，在此将通过制作手写文字效果，为读者详细讲解文字动画效果的设置方法。

1. 新建合成并导入素材

步骤01 执行"合成>新建合成"命令，或者单击"项目"面板底部的"新建合成"按钮，如下图所示。

步骤02 在弹出的"合成设置"对话框中设置相应选项即可，如下图所示。

步骤 03 执行"文件>导入>文件"命令，或按 Ctrl+I组合键，如下图所示。

步骤 05 单击"导入"按钮后，将"项目"面板中的"信纸.jpg"素材拖至时间轴面板，并设置参数，如下图所示。

2. 设置文字动画效果

步骤 01 在工具栏中选择横排文字工具，如下图所示。

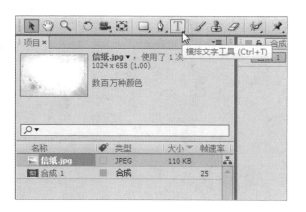

步骤 04 在弹出的"导入文件"对话框中选择需要导入的文件，如下图所示。

步骤 06 完成上述操作之后，即可在合成窗口中预览效果，如下图所示。

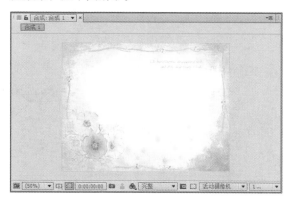

步骤 02 在合成窗口中输入文字loving，如下图所示。

步骤 03 在"字符"面板中设置相关参数，颜色为 RGB（250，220，180），字体选择"仿斜体"，如下图所示。

步骤 04 完成上述操作后在合成窗口预览效果，如下图所示。

步骤 05 选中loving文字层并复制，如下图所示。

步骤 06 选择钢笔工具和转换"顶点"工具给loving文字层绘制路径遮罩，如下图所示。

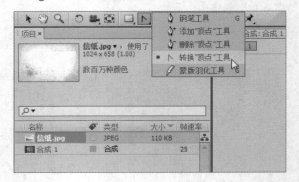

步骤 07 完成上述操作后在合成窗口预览效果，如下图所示。

步骤 08 选择loving文字层，依次执行"效果>生成>描边"命令，如下图所示。

步骤 09 打开效果控件面板，设置相关参数，如下图所示。

步骤 10 选择loving文字层，依次执行"效果>生成>描边"命令，如下图所示。

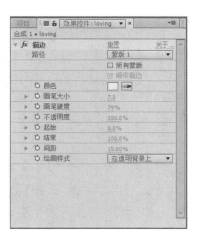

步骤 11 展开loving文字层下的"描边"效果,将时间指示器拖至开始处,为"结束"参数添加第一个关键帧,设置参数为0,如下图所示。

步骤 12 在00:00:03:00处给"结束"参数添加第二个关键帧,设置参数为100%,如下图所示。

步骤 13 完成上述操作之后,可在合成窗口预览效果,如下图所示。

步骤 14 选择loving2文字层,用同样的方法在00:00:03:00处给"不透明度"参数添加第一个关键帧,设置参数为0,如下图所示。

步骤 15 在00:00:03:05处添加第二个关键帧,设置参数为100%,如下图所示。

步骤 16 完成上述操作之后可在合成窗口预览效果,如下图所示。

4.4 使用预置文本动画特效

在After Effects CC的预置动画中提供了很多文字动画效果，在"效果和预设"面板中展开"动画预设"选项，在文字文件夹下包含所有的文本预置动画。

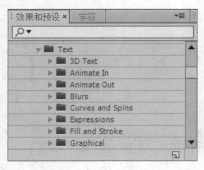 

- 3D Text（3D文本）：用于设置文字的3D效果；
- Animate In（入屏动画）：用于设置文字的进入效果；
- Animate Out（出屏动画）：用于设置文字的淡出效果；
- Blurs（文字模糊）：用于设置文字模糊出入效果；
- Curves and Spins（曲线和旋转）：用于设置文字扭曲和旋转效果；
- Expressions（表达式）：利用表达式设置文字效果；
- Fill and Stroke（填充与描边）：用于设置文字色块变化效果；
- Lights and Opticai（光效）：用于设置文字的普通光效；
- Mechanical（机械）：用于设置文字机械运动效果；
- Miscellaneous（混合）：用于设置文字混合运动效果；
- Multi-Line（多行）：用于设置文字多行运动效果；
- Rotation（旋转）：用于设置文字旋转效果；
- Scale（大小）：用于设置文字大小；
- Tracking（跟踪）：用于设置文字跟踪效果。

实例05 应用文字预置动画

下面将通过为文字添加3D Text效果，来为读者详细讲解文字预置动画效果的设置方法。

1. 新建合成并导入素材

步骤 01 依次执行"合成>新建合成"命令，或者单击"项目"面板底部的"新建合成"按钮，如下图所示。

步骤 02 在弹出的"合成设置"对话框中设置相应的参数即可，如下图所示。

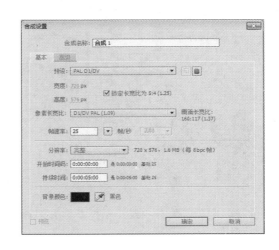

步骤 03 执行"文件>导入>文件"命令，或按Ctrl+I组合键，如下图所示。

步骤 04 在弹出的"导入文件"对话框中选择需要导入的文件，如下图所示。

步骤 05 单击"导入"按钮后，将"项目"面板中的dream.jpg素材拖至时间轴面板，并设置参数，如下图所示。

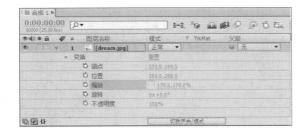

步骤 06 完成上述操作之后，即可在合成窗口中预览效果，如下图所示。

2. 添加3D Basic Position Z Cascade效果

步骤01 在工具栏中选择直排文字工具，如下图所示。

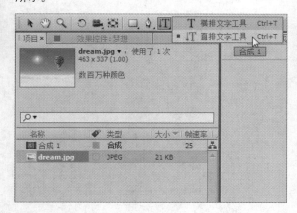

步骤02 在合成窗口中输入文字"梦想"，如下图所示。

步骤03 在"字符"面板中设置相关参数并选择"仿斜体"字体，如下图所示。

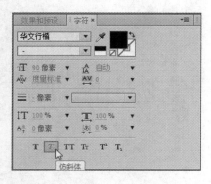

步骤04 完成上述操作后在"合成"窗口预览效果，如下图所示。

步骤05 在"效果和预设"面板中依次展开"动画预设>Text>3D Text"选项，选择3D Basic Position Z Cascade效果选项，添加到dream.jpg文字图层上，如下图所示。

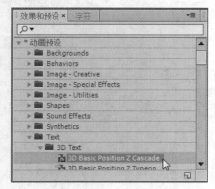

步骤06 完成上述操作后在合成窗口预览效果，如下图所示。

知识延伸：认识表达式与创建

After Effects CC中提供了一种非常方便的动画控制方法——表达式，它是由传统的JavaScript语言编写而成。利用表达式可以实现界面中不能执行的命令，或将大量重复性操作简单化。

（1）常用表达式有

my_vector=[10,20,30];//：该表达式的意思是将一个三维数组赋予变量my_vector，该数组包含的三个元素分别是10，20，30。

Linear(time,0,5,0,360);//：该表达式的意思是时间的变化范围是从0到5，目标参数的范围是0到360。如果当前表达式要调用其他图层或其他属性时，需要在表达式中添加全局属性和层属性。

（2）全局属性（thisComp）

用于说明表达式所应用的最高层级，也可理解为整个合成。

（3）层级标志符号（.）

用来表示属性连接符号，该符号前面为上位层级，后面为下位层级。

（4）Layer（""）

用于定义层的名称，必须在括号内加引号。如素材名称为"dream.jpg"可写成layer（"dream.jpg"）。

此外，还可以为表达式添加注释，在注释句前加"//"符号，表示在同一行中任何处于"//"后的语名都被认为是表达式注释语句。

在After Effects CC中，经常用到数组类型的数据，而数组常使用常量和变量中一部分。

● **数组常量：** 不同于JavaScrip语言，After Effects CC中表达式的数值是由0开始的。

● **数组变量：** 用一些自定义的元素来代替具体的值。

● **将数组指针赋予变量：** 主要是为属性和方法赋予值或返回值。

● **数组维度：** 属性的参数量为维度。

 上机实训：制作光晕文字

影视节目制作过程中，文字特效的应用十分常见，下面将介绍如何利用After Effects CC制作光晕文字。

1. 新建合成并导入素材

步骤 01 依次执行"合成>新建合成"命令，或者单击"项目"面板底部的"新建合成"按钮，如下图所示。

步骤 02 在弹出的"合成设置"对话框中设置相应的参数即可，如下图所示。

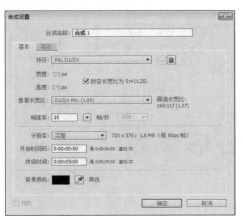

步骤 03 依次执行"文件>导入>文件"命令，或按Ctrl+I组合键，如下图所示。

步骤 04 在弹出的"导入文件"对话框中选择需要导入的文件，如下图所示。

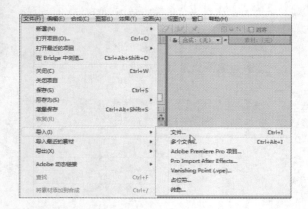

步骤 05 单击"导入"按钮后，将"项目"面板中的running.jpg素材拖至时间轴面板，并设置参数，如下图所示。

步骤 06 完成上述操作之后，即可在合成窗口中预览效果，如下图所示。

2. 创建文字并设置动画效果

步骤 01 在工具栏中选择横排文字工具，如下图所示。

步骤 02 在合成窗口中输入文字loving，如下图所示。

步骤 03 在"字符"面板中设置相关参数并选择"仿粗体"选项，如下图所示。

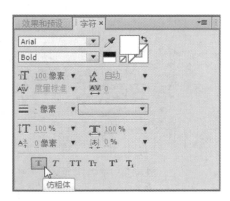

步骤 04 完成上述操作后在合成窗口预览效果，如下图所示。

步骤 05 在时间轴面板中单击文字层中的"动画"按钮，选择"不透明度"命令，如下图所示。

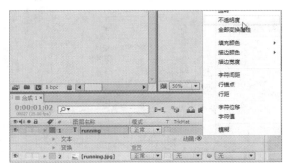

步骤 06 将时间指示器拖至00:00:01:00处，给"范围选择器1"中的"起始"添加第一个关键帧，设置不透明度为0，如下图所示。

步骤 07 用同样的方法在00:00:04:00处给"起始"添加第二个关键帧，参数设置为100，如下图所示。

步骤 08 将该图层的"模式"改为"叠加"，如下图所示。

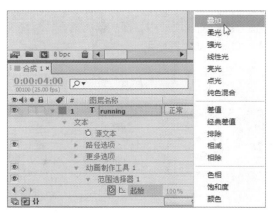

步骤 09 完成上述操作之后，在合成窗口观看效果如下图所示。

步骤 10 选择文字图层并进行复制。选中running2图层，将时间指示器拖至00:00:03:10处，在"时间轴"面板中将"动画制作工具1"删除，给"不透明度"添加第一个关键帧，设置参数为0，如下图所示。

步骤 11 用同样的方法在00:00:04:20处给"不透明度"添加第二个关键帧，参数设置为100%，如下图所示。

步骤 12 将running2图层模式设置为"正常"，如下图所示。

步骤 13 在时间轴面板中右击，依次执行"新建>纯色"命令，如下图所示。

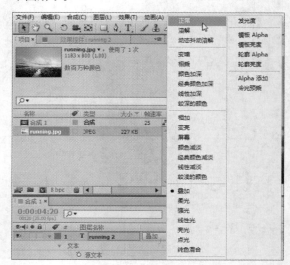

步骤 14 在弹出的"纯色设置"对话框中设置相关参数，如下图所示。

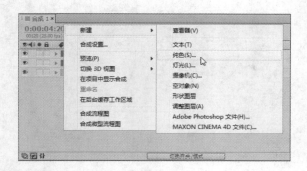

步骤 15 完成上述操作后，即可在合成窗口中预览效果，如下图所示。

步骤 16 单击"确定"按钮后，在时间轴面板中将"模式"设置为"屏幕"，缩放设置为180%，如下图所示。

中文版After Effects CC艺术设计实训案例教程

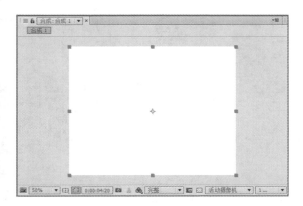

步骤 17 完成上述操作后，即可观看效果，效果如右图所示。

3. 添加镜头光晕特效

步骤 01 在"效果和预设"面板中选择"生成>镜头光晕"选项，将"镜头光晕"特效添加到"纯色1"图层上，如下图所示。

步骤 02 将时间指示器拖至开始处，在效果控件面板中给"光晕中心"和"光晕亮度"添加第一个关键帧，设置参数为（150,300）和0，如下图所示。

步骤 03 用同样的方法在00:00:03:20处给"光晕亮度"添加第二个关键帧，设置参数为90%，如下图所示。

步骤 04 在00:00:04:00处给"光晕中心"和"光晕亮度"再添加一个关键帧，参数设置为（600,150）和0，如下图所示。

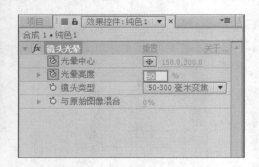

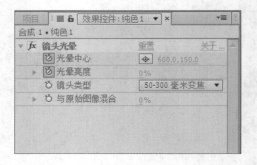

步骤05 在"效果和预设"面板中依次选择"颜色校正>色相/饱和度"特效，将该特效添加到"纯色1"图层上，如下图所示。

步骤06 在效果控件面板上勾选"彩色化"复选框，相关参数设置如下图所示。

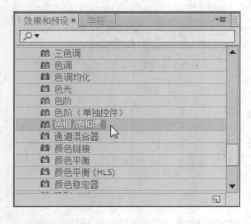

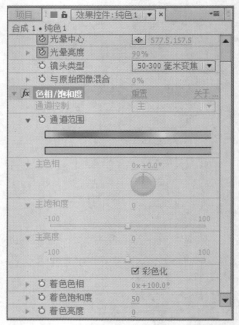

步骤07 依次执行"文件>保存"命令，保存项目。完成上述操作之后，即可预览效果，如右图所示。

课后实践

1. 制作字幕扭曲效果

操作要点

01 掌握新建字幕的几种不同方式；

02 字幕样式的选择以及字幕颜色的搭配，要与背景风格一致；

03 在"效果和预设"面板打开"旋转扭曲"卷展栏，调整相应参数。

2. 制作字幕从右往左进入

操作要点

01 掌握新建字幕的几种不同方式；

02 字幕样式的选择以及字幕颜色的搭配，要与背景风格一致；

03 为字幕"位置"属性添加关键帧，实现动画效果。

Chapter 05 颜色校正

本章概述

在影视制作中，经常需要对图像的颜色进行调整，After Effects CC色彩的调整主要包括图像的明度、对比度、饱和度以及色相等，来达到改善图像质量的目的，以便更好地控制影片的色彩信息，制作出更加理想的视频画面效果。

核心知识点

1. 色彩基础知识
2. 特效调节
3. 颜色校正的常用效果介绍
4. 效果的应用

5.1　色彩基础知识

颜色校正功能主要是用于处理画面的颜色，在学习颜色校正特效前，本节将先介绍色彩的相关基础知识。

5.1.1　色彩模式

色彩模式是数字世界中表示颜色的一种算法。为表示各种颜色，人们通常将颜色划分为若干分量。

（1）RGB模式

RGB模式是一种最基本、也是使用最广泛的颜色模式。它源于有色光的三原色原理，其中，R（Red）代表红色，G（Green）代表绿色，B（Blue）代表蓝。

每种颜色都有256种不同的亮度值，因此RGB模式理论上约有1 670多万种颜色，如右图所示。这种颜色模式是屏幕显示的最佳模式，像显示器、电视机、投影仪等都采用这种色彩模式。

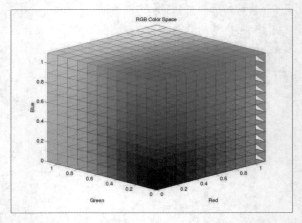

（2）CMYK模式

CMYK是一种减色模式，人的眼睛就是根据减色模式来识别颜色的，CMYK模式主要用于印刷领域。纸上的颜色是通过油墨产生的，不同的油墨混合可以产生不同的颜色效果，但是油墨本身并不会发光，它也是通过吸收（减去）一些色光，而把其他光反射到观察者的眼睛里产生颜色效果。CMYK模式中，C（Cyan）代表青色，M（Magenta）代表品红色，Y（Yellow）代表黄色，K（Black）代表黑色。C、M、Y分别是红、绿、蓝的互补色，由于这3种颜色混合在一起只能得到暗棕色，而得不到真正的黑色，所以另外引入了黑色。由于Black中的B也可以代表Blue（蓝色），所以为了避免歧义，黑色用K代表。在印刷过程中，使用这4种颜色的印刷板来产生各种不同的颜色效果。

（3）HSB模式

HSB模式是基于人类对颜色的感觉而开发的模式，也是最接近人眼观察颜色的一种模式。H代表色相，S代表饱和度，B代表亮度。

色相是人眼能看见的纯色，即看见光光谱的单色。在0~360度的标准色轮上，色相是按位置度量的，如红色在0度，绿色在120度，蓝色在240度等。

饱和度即颜色的纯度或强度，表示色相中灰度成分所占的比例，用从0%（灰）至100%（完全饱和）

中文版After Effects CC艺术设计实训案例教程

来度量。

亮度是颜色的亮度，通常用0%（黑）至100%（白）的百分比来度量。

（4）YUV（Lab）模式

YUV模式在于它的亮度信号Y和色度信号UV是分离的，彩色电视采用YUV空间正是为了用亮度信号Y解决彩色电视机和黑白电视机的兼容问题的。如果只有Y分量而没有UV分量，这样表示的图像为黑白灰度图。

Lab模型与设备无关，有3个色彩通道，一个用于亮度，另外两个用于色彩范围，简单地用字母ab表示。Lab模型和RGB模型一样，这些色彩混在一起产生更鲜亮的色彩。

（5）灰度模式

灰度模式的图像中只存在灰度，而没有色度、饱和度等彩色信息。灰度模式共有256个灰度级。灰度模式的应用十分广泛，在成本相对低廉的黑白印刷中，许多图像都采用了灰度模式。

通常可以把图像从任何一种颜色模式转换为灰度模式，也可以把灰度模式转换为任何一种颜色模式。当然，如果把一种彩色模式的图像经过灰度模式，然后再转换成原来的彩色模式时，图像质量会受到很大的损害。

5.1.2　位深度

"位"（Bit）是计算机存储器里的最小单元，用来记录每一个像素颜色的值。图像的色彩越丰富，"位"就越多，每一个像素在计算机中所使用的这种位数就是"位深度"。

5.2　颜色校正的核心效果

在本节中将详细介绍颜色校正的四个核心效果：亮度和对比度、色相和饱和度、色阶和曲线。

5.2.1　"亮度和对比度"效果

"亮度和对比度"效果主要用于调整画面的亮度和对比度，可以同时调整所有像素的亮部、暗部和中间色。

选择图层，依次执行"效果>颜色校正>亮度和对比度"命令，在效果控件面板中设置"亮度和对比度"效果参数，如右图所示。

完成上述操作之后，观看效果对比如下图所示。

5.2.2 "色相/饱和度"效果

"色相/饱和度"效果可以通过调整某个通道颜色的色相、饱和度、亮度并对图像的某个色域局部进行调节。

选择图层，依次执行"效果>颜色校正>色相/饱和度"命令，在"效果控件"面板中设置"色相/饱和度"效果参数，如右图所示。

完成上述操作之后，观看效果对比如下图所示。

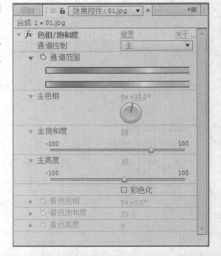

5.2.3 "色阶"效果

"色阶"效果主要是通过重新分布输入颜色的级别来获取一个新的颜色输出范围，以达到修改图像亮度和对比度的目的。使用色阶可以扩大图像的动态范围、查看和修正曝光，以及提高对比度等作用。

选择图层，依次执行"效果>颜色校正>色阶"命令，在"效果控件"面板中设置"色阶"效果参数，如右图所示。

完成上述操作之后，观看效果对比如下图所示。

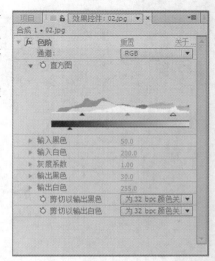

中文版After Effects CC艺术设计实训案例教程

5.2.4 "曲线"效果

"曲线"效果可以对画面整体或单独颜色通道的色调范围进行精确控制。

选择图层，依次执行"效果>颜色校正>曲线"命令，在效果控件面板中设置"曲线"效果的参数，如右图所示。

完成上述操作后，观看效果对比如下图所示。

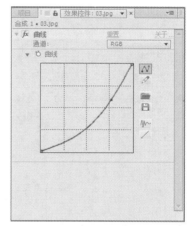

实例06 对素材进行颜色校正

在影视节目制作过程中，经常会利用颜色校正效果对视频进行色调调整。下面将通过具体实例，对"色阶"和"色相/饱和度"颜色校正功能的应用进行介绍。

1. 新建合成并导入素材

步骤 01 执行"合成>新建合成"命令，或单击"项目"面板底部的"新建合成"按钮，如下图所示。

步骤 02 在弹出的"合成设置"对话框中设置相应的参数即可，如下图所示。

步骤 03 依次执行"文件>导入>文件"命令，或按Ctrl+I组合键，如下图所示。

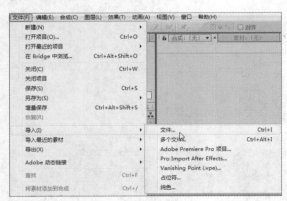

步骤 04 在弹出的"导入文件"对话框中选择需要导入的文件，如下图所示。

步骤 05 单击"导入"按钮后，将"项目"面板中的"山水.jpg"素材拖至时间轴面板，并设置参数，如下图所示。

步骤 06 完成上述操作之后，即可在合成窗口中预览效果，如下图所示。

2. 设置颜色效果

步骤 01 选中"山水.jpg"图层,执行"效果>颜色校正>色阶"命令,如下图所示。

步骤 02 在效果控件面板中设置色阶颜色效果相关参数,如下图所示。

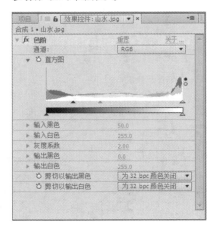

步骤 03 完成上述操作后,即可观看颜色效果,如下图所示。

步骤 04 执行"效果>颜色校正>色相/饱和度"命令,在效果控件面板中设置"色相/饱和度"效果参数,如下图所示。

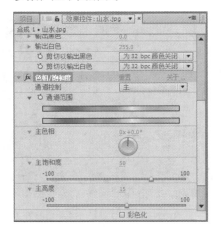

步骤 05 完成上述操作后,即可在合成窗口预览颜色效果,如右图所示。

5.3 颜色校正的常用效果

本节将为读者详细讲解颜色校正调色的9种常见效果。

5.3.1 "色调"效果

"色调"效果用于调整图像中包含的颜色信息,在最亮和最暗间确定融合度。

选择图层,依次执行"效果>颜色校正>色调"命令,如下左图所示。在效果控件面板中设置"色调"效果的参数,如下右图所示。

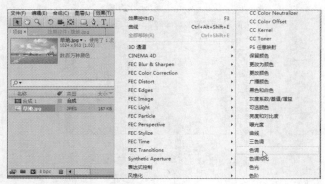 

完成上述操作后,观看效果对比如下图所示。

5.3.2 "三色调"效果

"三色调"效果可以将画面中的阴影、中间调和高光进行颜色映射,从而更换画面色调。

选择图层,依次执行"效果>颜色校正>三色调"命令,如下左图所示。在效果控件面板中设置"三色调"效果的参数,如下右图所示。

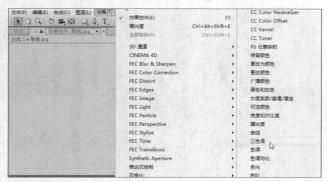 

完成上述操作后，观看效果对比如下图所示。

5.3.3 "照片滤镜"效果

"照片滤镜"效果就像为素材添加一个滤色镜，以便和其他颜色统一。

选择图层，依次执行"效果>颜色校正>照片滤镜"命令，如下左图所示。在效果控件面板中设置"照片滤镜"效果的参数，如下右图所示。

完成上述操作后，观看效果对比如下图所示。

5.3.4 "颜色平衡"效果

"颜色平衡"效果可以对图像的暗部、中间调和高光部分的红、绿、蓝通道分别调整。

选择图层，依次执行"效果>颜色校正>颜色平衡"命令，如下左图所示。在效果控件面板中设置"颜色平衡"效果的参数，如下右图所示。

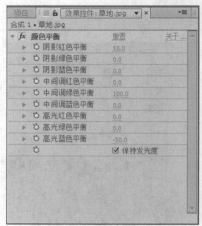

完成上述操作后，观看效果对比如下图所示。

5.3.5 "颜色平衡(HLS)"效果

"颜色平衡(HLS)"效果是通过调整色相、饱和度和亮度参数来控制图像的色彩平衡。

选择图层，依次执行"效果>颜色校正>颜色平衡（HLS）"命令，如下左图所示。在效果控件面板中设置"颜色平衡（HLS）"效果的参数，如下右图所示。

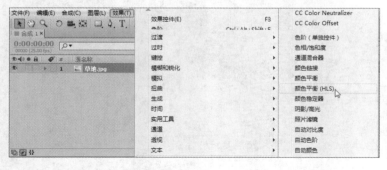
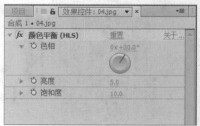

完成上述操作后，观看效果对比如下图所示。

5.3.6 "曝光度" 效果

"曝光度" 效果主要是用来调节画面的曝光程度，可以对RGB通道分别曝光。

选择图层，依次执行 "效果>颜色校正>曝光度" 命令，如下左图所示。在效果控件面板中设置 "曝光度" 效果的参数，如下右图所示。

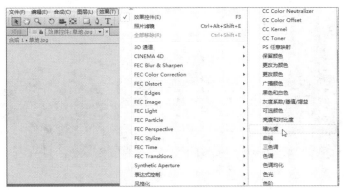

完成上述操作后，观看效果对比如下图所示。

5.3.7 "通道混合器" 效果

"通道混合器" 效果可以使当前层的亮度为蒙版，从而调整另一个通道的亮度，并作用于当前层的各个色彩通道。

选择图层，依次执行"效果>颜色校正>通道混合器"命令，如下左图所示。在效果控件面板中设置
"通道混合器"效果的参数，如下右图所示。

完成上述操作后，观看效果对比如下图所示。

5.3.8 "阴影/高光"效果

"阴影/高光"效果可以单独处理图像的阴影和高光区域，是一种高级调色特效。

选择图层，依次执行"效果>颜色校正>阴影/高光效果"命令，如下左图所示。在效果控件面板中
设置"阴影/高光"效果的参数，如下右图所示。

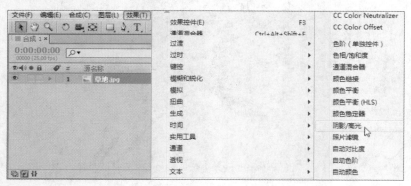

完成上述操作后，观看效果对比如下图所示。

5.3.9 "广播颜色"效果

"广播颜色"效果用于校正广播级视频的颜色和亮度。

选择图层，依次执行"效果>颜色校正>广播颜色"命令，如下左图所示。在效果控件面板中设置
"广播颜色"效果的参数，如下右图所示。

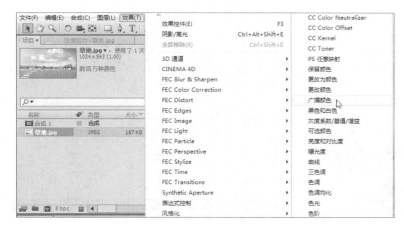

完成上述操作后，观看效果对比如下图所示。

实例07 制作旧照片效果

在影视节目制作过程中，颜色校正效果的应用十分广泛。本案例中，将通过制作旧照片效果，对
After Effects CC中颜色校正的具体操作步骤进行讲解。

1. 新建合成并导入素材

步骤 01 执行"合成>新建合成"命令，或者单击"项目"面板底部的"新建合成"按钮，如下图所示。

步骤 02 在弹出的"合成设置"对话框中设置相应的参数即可，如下图所示。

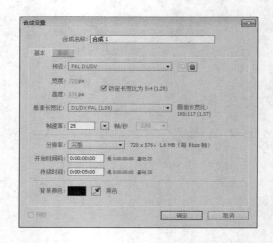

步骤 03 依次执行"文件>导入>文件"命令，打开"导入文件"对话框，从中选择需要导入的文件，如下图所示。

步骤 04 单击"导入"按钮后，将"项目"面板中的couple.jpg素材拖至时间轴面板，并设置参数，如下图所示。

步骤 05 完成上述操作之后，即可在合成窗口中预览效果，如右图所示。

2. 设置颜色效果

步骤01 选中couple.jpg图层，依次执行"效果>颜色校正>保留颜色"命令，如下图所示。

步骤02 在效果控件面板中设置"保留颜色"效果相关参数，如下图所示。

步骤03 完成上述操作后，即可观看颜色效果，如下图所示。

步骤04 依次执行"效果>颜色校正>自动颜色"命令，随后在效果控件面板中设置"自动颜色"效果参数，如下图所示。

步骤05 完成上述操作后，即可在合成窗口预览颜色效果，如右图所示。

5.4   其他常用效果

本节将对颜色校正调色的一些其他效果进行讲解，例如"保留颜色"、"色调均化"及"颜色链接"等。

5.4.1 "保留颜色"效果

"保留颜色"效果可以去除素材图像中指定颜色外的其他颜色。

选择图层，依次执行"效果>颜色校正>保留颜色"命令，如下左图所示。在效果控件面板中设置"保留颜色"效果的参数，如下右图所示。

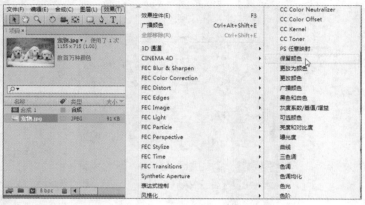

完成上述操作后，观看效果对比如下图所示。

5.4.2 "灰度系数/基值/增益"效果

"灰度系数/基值/增益"效果可以调整每个RGB独立通道的还原曲线值。

选择图层，依次执行"效果>颜色校正>灰度系数/基值/增益"命令，如下左图所示。在效果控件面板中设置"灰度系数/基值/增益"效果的参数，如下右图所示。

完成上述操作后，观看效果对比如下图所示。

5.4.3 "色调均化"效果

"色调均化"效果可以使图像变化平均化，自动以白色取代图像中最亮的像素，以黑色取代图像中最暗的像素。

选择图层，依次执行"效果>颜色校正>色调均化"命令，如下左图所示。在效果控件面板中设置"色调均化"效果的参数，如下右图所示。

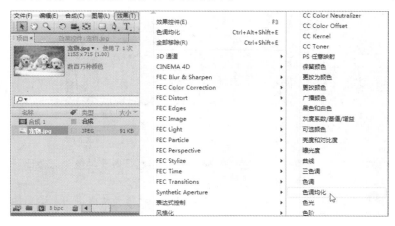 

完成上述操作后，观看效果对比如下图所示。

5.4.4 "颜色链接"效果

　　"颜色链接"效果可以根据周围的环境改变素材的颜色，对两个层的素材颜色进行统一。

　　选择图层，依次执行"效果>颜色校正>颜色链接"命令，如下左图所示。在效果控件面板中设置"颜色链接"效果的参数，如下右图所示。

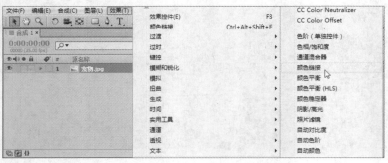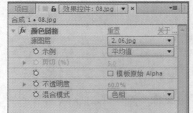

　　完成上述操作后，观看效果对比如下图所示。

5.4.5 "更改颜色"/"更改颜色为"效果

　　"更改颜色"效果可以替换图像中的某种颜色，并调整改颜色的饱和度和亮度；"更改颜色为"效果可以用指定的颜色来替换图像中的某种颜色的色调、明度和饱和度。

　　选择图层，依次执行"效果>颜色校正>更改颜色"命令，如下左图所示。在效果控件面板中设置效果的参数，如下右图所示。

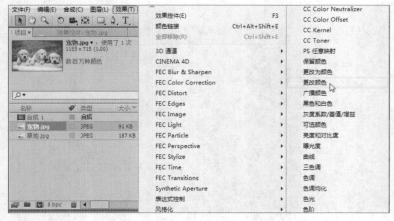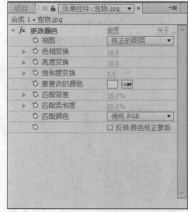

　　完成上述操作后，观看效果对比如下图所示。

实例08 替换模特衣服颜色

在影视节目制作过程中，经常会利用颜色校正功能实现替换背景色彩等效果。在此将以替换模特衣服颜色为例，对相关内容展开介绍。

1. 新建合成并导入素材

步骤01 执行"合成>新建合成"命令，或者单击"项目"面板底部的"新建合成"按钮，如下图所示。

步骤02 在弹出的"合成设置"对话框中设置相应的参数即可，如下图所示。

步骤03 依次执行"文件>导入>文件"命令，或按Ctrl+I组合键，如下图所示。

步骤04 在弹出的"导入文件"对话框中选择需要导入的文件，如下图所示。

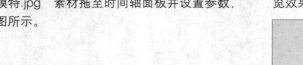

步骤 05 单击"导入"按钮后，将"项目"面板中的"模特.jpg"素材拖至时间轴面板并设置参数，如下图所示。

步骤 06 完成上述操作之后，即可在合成窗口中预览效果，如下图所示。

2. 设置颜色效果

步骤 01 选中"模特.jpg"图层，依次执行"效果>颜色校正>更改颜色"命令，如下图所示。

步骤 02 在效果控件面板中设置"更改颜色"效果相关参数，如下图所示。

步骤 03 依次执行"文件>保存"命令，保存项目文件，完成上述操作后，即可观看颜色效果，如右图所示。

知识延伸：了解"通道"调色效果

通常，通道效果与其他效果相互配合来控制、抽取、插入和转换一个图像的通道。下面将对"通道"调色效果的相关知识内容进行介绍。

CC Composite（CC混合模式处理）效果：主要用于自身的通道进行混合。

反转效果：用于转换图像的颜色信息，反转颜色通常有很好的颜色效果。

复合运算效果：可以将两个层通过运算的方式混合，实际上是与层模式相同，而且比应用层模式更有效。

固态层合成效果：提供一种非常快捷的方式在原始素材层的后面，将一种色彩填充与原始图像进行合成，得到与一种固态色合成的融合效果。

混合效果：可以通过5种方式将两个层融合，与使用层模式类似，但使用层模式不能设置动画，而混合效果可以。

计算效果：是通过混合两个图形的通道信息来获得新的图像效果。

设置通道效果：用于复制其它层的通道到当前颜色通道和Alpha通道中。

设置遮罩效果：用于将其他图层的通道设置为本层的遮罩，通常用来创建运动遮罩效果。

算术效果：又称为"通道运算"，对图像中的红、绿、蓝通道进行简单的运算，通过调节不同色彩通道的信息，可以制作出各种曝光效果。

通道合成器效果：可以提取、显示以及调整图像中不同的色彩通道，可以模拟出各种光影效果。

移除颜色遮罩效果：用来消除或改变遮罩的颜色。

转换通道效果：用于在本层的RGBA通道之间转换，主要对图像的色彩和明暗产生影响，也可以消除某种颜色。

最小/最大效果：用于对指定的通道进行最小值或最大值的填充。"最大"是以该范围内最亮的像素填充；"最小"是以该范围内最暗的像素填充。

上机实训：宣传照调色

在影视节目制作过程中，经常会利用After Effects CC进行颜色校正，以满足不同的视觉效果。本案例通过制作宣传照，让读者更好地了解颜色校正效果的应用。

1. 新建合成并导入素材

步骤 01 依次执行"合成>新建合成"命令，或者单击"项目"面板底部的"新建合成"按钮，如下图所示。

步骤 02 在弹出的"合成设置"对话框中设置相应的参数，如下图所示。

步骤 03 依次执行"文件>导入>文件"命令，或按Ctrl+I组合键，如下图所示。

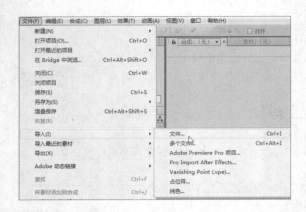

步骤 05 单击"导入"按钮后，将"项目"面板中的"青春.jpg"素材拖至时间轴面板，并设置参数，如下图所示。

2. 设置颜色效果

步骤 01 选择"青春.jpg"图层，执行"效果>颜色校正>色相/饱和度"命令，如下图所示。

步骤 04 在弹出的"导入文件"对话框中选择需要导入的文件，如下图所示。

步骤 06 完成上述操作之后，即可在合成窗口中预览效果，如下图所示。

步骤 02 在效果控件面板中设置相关参数，如下图所示。

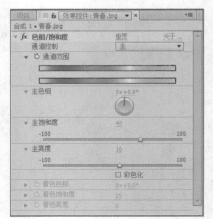

步骤 03 完成上述操作，即可在合成窗口预览效果，如下图所示。

步骤 04 在时间轴面板空白处右击，在弹出的菜单中执行"新建>纯色"命令，如下图所示。

步骤 05 在弹出的对话框中设置具体参数，即可新建一个纯色图层，如下图所示。

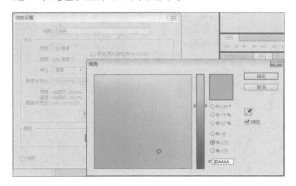

步骤 06 选择"纯色"图层，设置其不透明属性并设置图层叠加模式为"叠加"，如下图所示。

步骤 07 完成上述操作后，即可在合成窗口中预览效果，如下图所示。

步骤 08 在时间轴面板中右击，在弹出的菜单中依次执行"新建>调整图层"，如下图所示。

步骤 09 选择"调整图层1"图层，执行"效果>颜色校正>颜色平衡"命令，如下图所示。

步骤 10 在效果控件面板中设置相关参数，如下图所示。

步骤 11 设置完成后即可预览效果，如下图所示。

步骤 12 用同样的方法新建"纯色2"图层，如下图所示。

步骤 13 在弹出的"纯色设置"对话框中设置相应的参数，如下图所示。

步骤 14 选中"纯色2"图层，并在工具栏中选择椭圆工具，如下图所示。

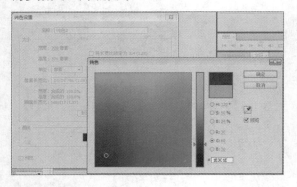

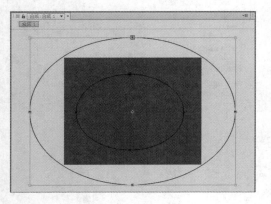

步骤 15 在合成窗口中绘制两个椭圆蒙版，如下图所示。

步骤 16 然后设置"蒙版1"的相关参数，如下图所示。

中文版After Effects CC艺术设计实训案例教程

步骤 17 设置"蒙版2"的叠加模式为"差值"，如下图所示。

步骤 18 完成上述操作后即可在合成窗口预览效果，如下图所示。

课后实践

1. 制作冷色调滤镜效果

操作要点

01 掌握颜色校正的不同效果；

02 在"颜色校正"效果栏中选择"照片滤镜"效果；

03 在效果控件面板中设置"照片滤镜"效果，调整相应的参数。

2. 添加CC Toner效果

操作要点

01 掌握颜色校正的不同效果；

02 在"颜色校正"效果栏中选择CC Toner效果；

03 在效果控件面板中设置CC Toner效果，调整相应的参数。

Chapter 06 蒙版特效

本章概述

蒙版是通过蒙版层中的图形或轮廓对象透出下面图层中的内容，是后期合成中不可缺少的部分。本章将详细讲解蒙版的创建与设置、蒙版的属性和应用等知识。

核心知识点

❶ 图层的混合模式
❷ 蒙版的概念及属性
❸ 蒙版的创建与设置
❹ 蒙版的叠加模式

6.1 图层混合模式

图层的混合模式是指一个图层与其下图层的色彩叠加模式，各种不同的混合模式会产生不同的视觉效果。After Effects CC中的混合模式包括正常、变暗、添加等模式组，本节将对各种不同的图层混合模式展开介绍。

6.1.1 正常模式

正常模式组中的混合模式包括"正常"、"溶解"和"动态抖动溶解"3种。

选择图层，执行"图层>混合模式"命令，如下左图所示。在正常选项组中选择"溶解"模式，设置图层"不透明度"为50%，如下右图所示。

操作完成后，即可查看前后对比效果，如下图所示。

6.1.2 变暗模式

变暗模式组中的混合模式可以使图层颜色变暗，主要包括"变暗"、"相乘"、"颜色加深"、"经典颜色加深"、"线性加深"和"较深的颜色"6种。

选择图层，依次执行"图层>混合模式"命令，在变暗组中选择"相乘"模式，如下左图所示。操作完成后，即可观看效果，如下右图所示。

6.1.3 添加模式

添加模式组中的混合模式可以使当前图像中的黑色消失，从而使颜色变亮，包括"相加"、"变亮"、"屏幕"、"颜色减淡"、"经典颜色减淡"、"线性减淡"和"较浅的颜色"7种。

选择图层，依次执行"图层>混合模式"命令，在添加组中选择"屏幕"模式，如下左图所示。操作完成后，即可观看效果，如下右图所示。

6.1.4 相交模式

相交模式组中的混合模式在进行混合时，50%的灰色会完全消失，任何高于50%的区域都可能加亮下方的图像，而低于50%灰色区域都可能使下方图像变暗，包括"叠加"、"柔光"、"强光"、"线性光"、"亮光"、"点光"和"纯色混合"7种。

选择图层，依次执行"图层>混合模式"命令，在相交组中选择"强光"模式，如下左图所示。操作完成后，即可观看效果，如下右图所示。

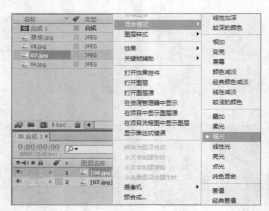

6.1.5 反差模式

反差模式组中的混合模式可以基于源颜色和基础颜色值之间的差异创建颜色，包括"差值"、"经典差值"、"排除"、"相减"和"相除"5种。

在时间轴面板中选择一个图层，依次执行"图层>混合模式"命令，在反差组中选择"差值"模式，如下左图所示。操作完成后，即可观看效果，如下右图所示。

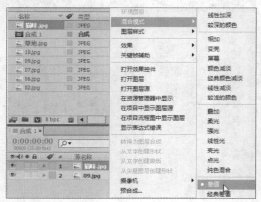

6.1.6 颜色模式

颜色模式组中的混合模式是将色相、饱和度和发光度三要素中的一种或两种应用在图像上，包括"色相"、"饱和度"、"颜色"和"发光度"4种。

在时间轴面板中选择一个图层，依次执行"图层>混合模式"命令，在颜色组中选择"发光度"模式，如下左图所示。操作完成后，即可观看效果，如下右图所示。

6.1.7　Alpha模式

　　Alpha模式组中的混合模式是After Effects CC特有的混合模式，它将两个重叠中不相交的部分保留，使相交的部分透明化，包括"模板Alpha"、"模板亮度"、"轮廓Alpha"、"轮廓亮度"、"Alpha添加"和"冷光预乘"6种。

　　在时间轴面板中选择一个图层，依次执行"图层>混合模式"命令，在Alpha组中选择"轮廓亮度"模式，如下左图所示。操作完成后，即可观看效果，如下右图所示。

实例09　制作图层混合效果

　　在影视制作过程中，为了展示不同的画面效果，经常会采用不同的混合模式。本案例将讲解图层混合模式的运用，具体步骤如下。

1. 新建合成并导入素材

步骤01 依次执行"合成>新建合成"命令，或者单击"项目"面板底部的"新建合成"按钮，如下图所示。

步骤02 在弹出的"合成设置"对话框中设置相应的参数，如下图所示。

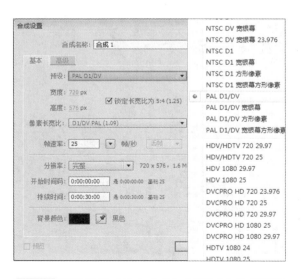

步骤03 依次执行"文件>导入>文件"命令，或按快捷键Ctrl+I，如下图所示。

步骤04 在弹出的"导入文件"对话框中选择需要导入的文件，如下图所示。

2. 设置图层混合模式

步骤01 将导入的素材拖至时间轴面板后，在合成窗口预览效果，如下图所示。

步骤02 选中"草地.jpg"图层，设置"变换"属性参数，如下图所示。

步骤03 选中"花.jpg"图层，设置"变换"属性参数，如下图所示。

步骤04 设置完成后即可预览效果，如下图所示。

步骤05 选中"花.jpg"图层，依次执行"图层>混合模式"命令，选择"相乘"模式，如下图所示。

步骤06 操作完成后，即可观看效果，如下图所示。

6.2 蒙版

　　蒙版即指通过蒙版层中的图形或轮廓对象透出下面图层中的内容，本节主要对蒙版的创建与修改、蒙版的属性设置以及蒙版特效的使用进行介绍。

6.2.1 蒙版的概念

　　一般来说，蒙版需要有两个层，而在After Effects CC中，蒙版绘制在图层中，虽然是一个层，但可以将其理解为两个层。

6.2.2 蒙版的属性

　　创建蒙版后，在时间轴面板中会添加一组新的属性，用户可根据需要对蒙版的属性进行设置。

（1）路径属性

通过设置"蒙版路径"右侧的"形状"参数，可以修改当前蒙版的形状。

（2）羽化属性

通过设置"蒙版羽化"参数，可以对蒙版的边缘进行柔化处理，制作出虚化边缘的效果。

（3）不透明度属性

通过设置"蒙版不透明度"参数，可以调整蒙版的不透明度，改变蒙版显示效果。

（4）扩展属性

蒙版的范围可以通过"蒙版扩展"参数来调整，当参数为正值时，蒙版范围向外扩展；当参数为负值时，蒙版范围向内收缩。

6.2.3 蒙版的创建与设置

　　除了可以创建空白蒙版之外，还可以配合矢量绘制工具创建矢量蒙板。创建蒙版之后，用户也可以设置蒙版的各个属性，来调整蒙版的效果。

1. 创建蒙版

（1）创建空白蒙版

在时间轴面板中选择图层，执行"图层>蒙版>新建蒙版"命令，如下左图所示。操作完成后，在时间轴面板中出现一个"蒙版"属性组，即创建了一个空白蒙版，如下右图所示。

（2）创建矢量蒙版

在时间轴面板中选择一个图层，在合成窗口选择一个适量绘制工具，如下左图所示。拖动鼠标绘制矢量图，即可为图层建立蒙版，如下右图所示。

（3）自动描绘蒙版

在时间轴面板中选择一个图层，依次执行"图层>自动追踪"命令，如下左图所示。在弹出的"自动追踪"对话框中设置相应的参数，如下右图所示。

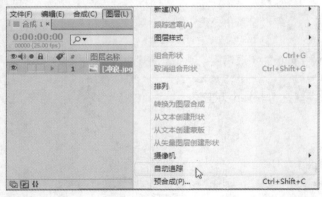

2. 设置蒙版

（1）设置蒙版形状

单击"蒙版路径"右侧的"形状"选项，打开"蒙版形状"对话框，设置蒙版形状，如下左图所示。

（2）设置蒙版羽化

在"蒙版羽化"选项右侧的数值框中输入相应的数值，即可成比例进行羽化，如下右图所示。

（3）设置蒙版不透明度

在"蒙版不透明度"选项右侧数值框中输入相应的数值，即可进行不透明设置，如下左图所示。

（4）扩展蒙版

调整"蒙版扩展"选项右侧数值框中的数值，即可对蒙版进行扩展或收缩，如下右图所示。

（5）自由变形蒙版

依次执行"图层>蒙版和形状路径>自由变换点"命令，如下左图所示。在出现变形框后，单击并拖动鼠标，即可旋转当前蒙版，如下右图所示。

6.2.4 蒙版的叠加模式

当一个层上有多个蒙版时，可在这些蒙版之间添加不同的模式来产生各种效果。

（1）无

此模式的选择将使路径不起蒙版作用，仅作为路径存在，效果如下左图所示。

（2）加

蒙版相加模式，在合成图像上显示所有蒙版内容，蒙版相交部分不透明度相加，效果如下右图所示。

（3）减

蒙版相减模式，上面的蒙版减去下面的蒙版，被减去区域内容不在合成图像上显示，效果如下左图所示。

（4）交集

该模式只显示所选蒙版与其他蒙版相交部分的内容，效果如下右图所示。

（5）变亮

与"加"模式效果相同，但对于蒙版相交部分的不透明度则采用不透明度较高的那个值，如下左图所示。

（6）变暗

与"交集"模式效果相同，但对于蒙版相交部分的不透明度则采用不透明度较低的那个值，如下右图所示。

（7）差值

应用该模式蒙版将采取并集减交集的方式，在合成图像上只显示相交部分以外的所有蒙版区域，效果对比如下图所示。

6.2.5　制作蒙版动画

当需要为动画创建蒙版时，用户可以通过使用自动描绘蒙版功能，对各个图像绘制蒙版，并且为每一帧进行蒙版关键帧的定义。此外，还可以手动进行蒙版动画的处理。

（1）手绘蒙版动画

选中要创建蒙版的图层，使用绘图工具，为图层创建一个蒙版，如下左图所示。在添加的"蒙版1"选项组中，单击"蒙版路径"属性的时间变化秒表图标，创建第一个关键帧，如下右图所示。

将时间指示器移到00:00:01:00处，依次执行"图层>蒙版和形状路线>自由变换点"命令，如下左图所示。在合成窗口中移动蒙版，即可在时间轴中自动添加一个关键帧，如下右图所示。

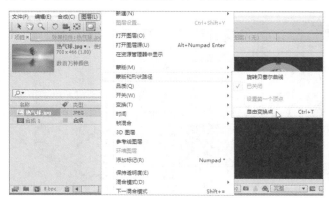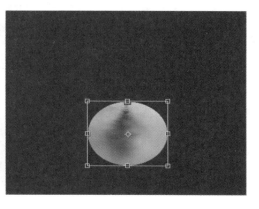

用同样的方法在00:00:02:00处添加第三个关键帧，如下左图所示。完成上述操作后，即可在合成窗口中观看效果，如下右图所示。

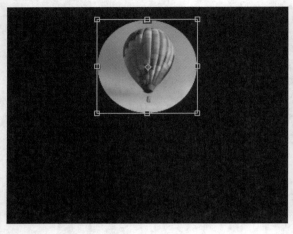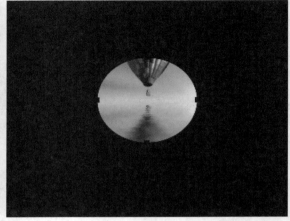

（2）使用蒙版插值法

在使用蒙版插值法前，需要为蒙版创建两个以上的关键帧，而蒙版插值法则会基于所设置的参数创建中间关键帧。

在时间轴面板中选择两个关键帧，执行"窗口>蒙版插值法"命令，如下左图所示。在弹出的"蒙版插值"面板中设置相应的参数，如下右图所示。

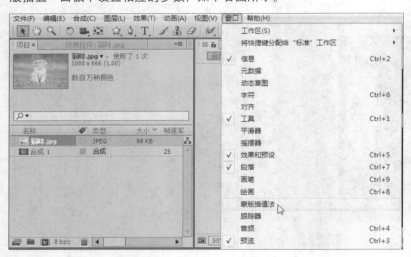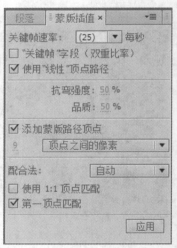

实例10 制作视频闪白效果

在影视制作过程中，经常需要制作视频闪白过渡效果。本案例将为读者介绍利用蒙版制作视频闪白过渡效果的操作方法。

1. 新建合成并导入素材

步骤01 执行"合成>新建合成"命令，或者单击"项目"面板底部的"新建合成"按钮，如下图所示。

步骤02 在弹出的"合成设置"对话框中设置相应的参数，如下图所示。

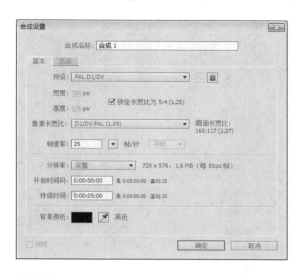

步骤 03 依次执行"文件>导入>文件"命令，或按Ctrl+I组合键，如下图所示。

步骤 04 在弹出的"导入文件"对话框中选择需要导入的文件，如下图所示。

步骤 05 单击"导入"按钮后，将"项目"面板中的素材拖至时间轴面板，并设置参数，如下图所示。

步骤 06 完成上述操作之后，即可在合成窗口中预览效果，如下图所示。

2. 创建并设置闪白效果

步骤 01 在时间轴面板中，调整素材的持续时间，如下图所示。

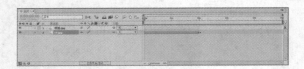

步骤 02 选择时间轴中的素材并右击，依次执行"关键性辅助>序列图层"命令，如下图所示。

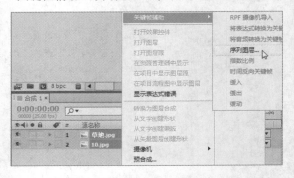

步骤 03 在弹出的"序列图层"对话框中单击"确定"按钮，如下图所示。

步骤 04 完成上述操作之后，在时间轴面板中查看效果，如下右图所示。

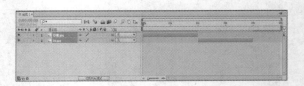

步骤 05 在时间轴面板的空白处右击，依次执行"新建>纯色"命令，如下图所示。

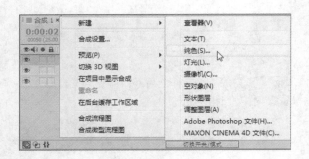

步骤 06 在弹出的"纯色设置"对话框中设置相应的参数，如下图所示。

步骤 07 选择"纯色1"图层，将时间指示器拖至00:00:01:20处，添加第一个关键帧，设置不透明度为0；在00:00:02:00处，添加第二个关键帧，设置不透明度为100%；在00:00:02:05处，添加第三个关键帧，设置不透明度为0，如下图所示。

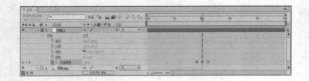

步骤 08 选中"纯色1"图层并右击，依次执行"混合模式>叠加"命令，如下左图所示。

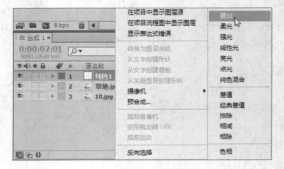

步骤 09 完成上述操作，即可拖动时间滑块观看效果，如右图所示。

 ## 知识延伸：遮罩特效

遮罩特效组包含mocha shape、"调整柔和遮罩"、"调整实边遮罩"、"简单阻塞工具"和"遮罩阻塞工具"5种特效，利用遮罩特效可以将带有Alpha通道的图像进行收缩或描绘。

（1）mocha shape特效

该特效主要是为抠像层添加形状或颜色蒙版效果，以便对该蒙版做进一步的动画抠像，其参数如下右图所示。

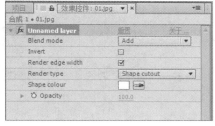

（2）调整柔和遮罩特效

该特效主要是通过参数属性来调整蒙版与背景之间的衔接过渡，使画面过渡更加柔和，其参数如下左图所示。

（3）调整实边遮罩特效

该特效用于改善现有实边Alpha通道的边缘，其参数如下右图所示。

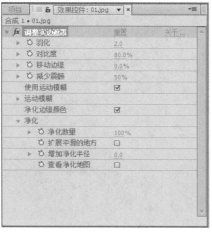

（4）简单阻塞工具特效

该特效只能作用于Alpha通道，其参数如下左图所示。

（5）遮罩阻塞工具特效

该特效主要对带有Alpha通道的图像进行控制，可以收缩和扩展Alpha通道图像的边缘，达到修改边缘的效果，其参数如下右图所示。

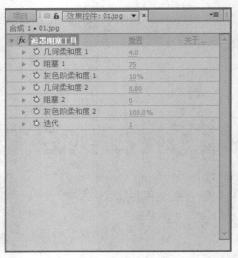

上机实训：制作精美海报合成效果

影视制作过程中，利用After Effects CC可以制作复杂的合成素材。本案例将为读者介绍利用蒙版制作精美的海报合成效果。

1. 新建合成并导入素材

步骤 01 依次执行"合成>新建合成"命令，或者单击"项目"面板底部的"新建合成"按钮，如下图所示。

步骤 02 在弹出的"合成设置"对话框中设置相应的参数，如下图所示。

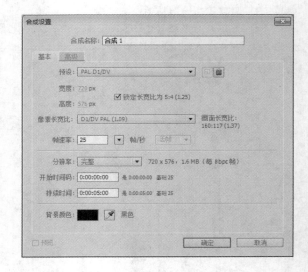

步骤 03 依次执行"文件>导入>文件"命令，或按快捷键Ctrl+I，如下图所示。

步骤 04 在弹出的"导入文件"对话框中选择需要导入的文件，如下图所示。

2. 设置图层属性

步骤 01 单击"导入"按钮后，将"项目"面板中的03.jpg素材拖至时间轴面板，并设置参数，如下图所示。

步骤 02 完成上述操作之后，即可在合成窗口中预览效果，如下图所示。

步骤 03 用同样的方法将"项目"面板中的04.jpg素材拖至时间轴面板，并设置参数，如下图所示。

步骤 04 完成上述操作之后，在合成窗口中预览效果，如下图所示。

步骤 05 将"项目"面板中的05.jpg素材拖至时间轴面板，并设置参数，如下图所示。

步骤 06 完成上述操作之后，即可在合成窗口中预览效果，如下图所示。

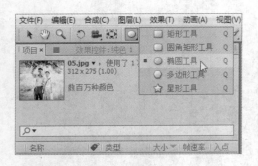

3. 添加并设置蒙版

步骤 01 在工具栏中选择椭圆工具，如下图所示。

步骤 02 在合成窗口中绘制一个圆形，如下图所示。

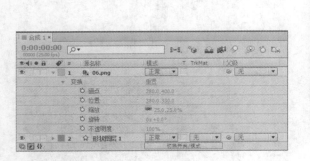

步骤 03 将06.jpg素材拖至时间轴面板上，并设置相关参数，如下图所示。

步骤 04 完成上述操作后，即可在合成窗口中预览效果，如下图所示。

步骤 05 用同样的方法在合成窗口中绘制圆形，如下图所示。

步骤 06 依次展开"形状图层2>内容>椭圆1>填充1"选项，设置不透明度为1，如下图所示。

步骤 07 设置"形状图层2"的"描边1"参数，"描边宽度"为10，如下左图所示。

步骤 08 完成上述操作后预览效果，如下图所示。

步骤 09 依次选择"透视>投影"选项，为"形状图层2"添加"投影"效果，如下图所示。

步骤 10 在效果控件面板中设置"投影"参数，如下图所示。

步骤 11 依次执行"文件>保存"命令，即可保存项目文件，如下图所示。

步骤 12 完成上述操作后，即可在合成窗口中预览效果，如下图所示。

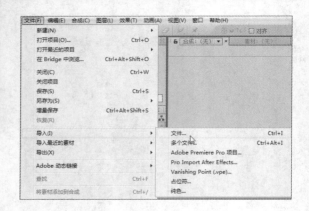

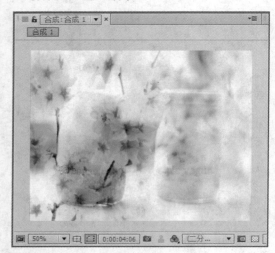 

课后实践

1. 制作图层叠加效果

2. 制作图层遮罩效果

操作要点

01 掌握图层混合的几种不同模式；

02 在"混合模式"菜单栏中选择"叠加"选项；

03 在合成窗口中预览图层混合过后的效果。

操作要点

01 掌握工具区绘图类工具的使用；

02 利用椭圆工具制作出遮罩效果；

03 调整"蒙版"羽化并扩展属性参数。

中文版After Effects CC艺术设计实训案例教程

Chapter 07 粒子特效

本章概述

粒子特效是常用的一种效果，它可以快速地模拟出云雾、火焰、下雪等效果，而且可以制作出具有空间感和奇幻感的画面效果。利用粒子特效可以渲染画面的气氛，让画面看起来更加美观、震撼、迷人。

核心知识点

❶ 粒子运动场特效
❷ CC Particle Systems II（CC粒子系统 II）特效
❸ CC Particle World（CC粒子世界）特效
❹ Form（形态）和Particular（特殊）特效

7.1 粒子运动场特效

After Effects CC 中的"粒子运动场"效果功能应用在影视制作过程中十分常见，主要用于制作星星、下雪、下雨和喷泉等效果。本节将为读者详细讲解该特效的相关参数和应用。

7.1.1 认识"粒子运动场"特效

"粒子运动场"效果可以通过物理设置和其他参数设置，产生大量相似物体独立运动的效果，例如星星、下雪、下雨和喷泉等效果，其选项面板如下左图所示。

（1）"发射"属性

该属性用于设置粒子发射的相关属性，如下右图所示。

- **位置**：设置粒子发射位置。
- **圆通半径**：设置发射半径。
- **每秒粒子数**：设置每秒粒子发出的数量。
- **方向**：设置粒子随机扩散的方向。
- **速率**：设置粒子发射速率。
- **随机扩散速率**：设置粒子随机扩散的速率。
- **颜色**：设置粒子颜色。
- **粒子半径**：设置粒子的半径大小。

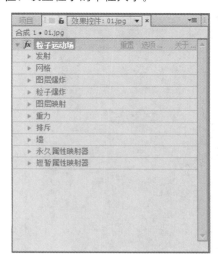 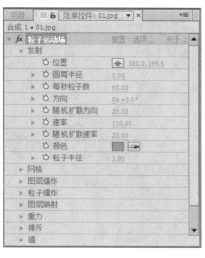

（2）"网格"属性

该属性用于设置网格的相关属性，如下左图所示。

- **宽度**：设置网格的宽度。
- **高度**：设置网格的高度。
- **粒子交叉**：设置粒子的交叉。
- **粒子下降**：设置粒子的下降。

（3）"图层爆炸"属性

该属性用于设置爆炸图层相关属性，如下右图所示。

- **引爆图层**：设置需要发生爆炸的图层。
- **新粒子的半径**：设置粒子的半径效果。
- **分散速度**：设置爆炸的分散速度。

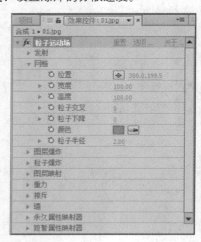
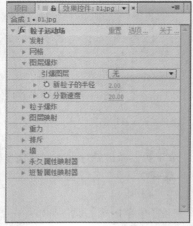

（4）"粒子爆炸"属性

该属性用于设置粒子爆炸的相关属性，如下左图所示。

（5）"图层映射"属性

该属性用于设置图层的映射效果，如下右图所示。

- **使用图层**：设置映射的图层。
- **时间偏移类型**：设置时间的偏移类型。
- **时间偏移**：设置时间偏移程度。
- **影响**：设置粒子的相关影响。

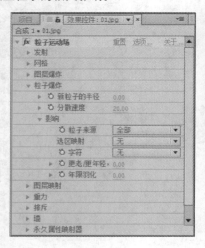
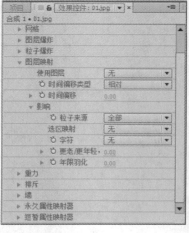

（6）"重力"属性

该属性用于设置粒子的重力效果，如下左图所示。

（7）"排斥"属性

该属性用于设置粒子的排斥效果，如下右图所示。

（8）"墙"属性

该属性用于设置墙的边界和影响，如下左图所示。

（9）永久/短暂属性映射器属性

这两个属性用于设置永久/短暂的图层属性映射器，包括颜色映射和影响，如下右图所示。

7.1.2 "粒子运动场"特效的应用

选中图层，执行"效果>模拟>粒子运动场"命令，在效果控件面板中设置相应的"粒子运动场"特效参数，如右图所示。

完成上述操作后，可观看效果对比如下图所示。

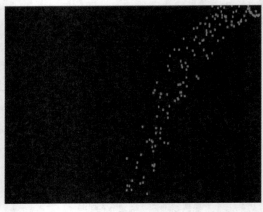

7.2　CC Particle Systems Ⅱ 特效

CC Particle Systems Ⅱ（CC粒子系统Ⅱ）特效可以制作出一些简单的粒子效果，使用十分便捷。下面将详细讲解该特效的相关参数和应用。

7.2.1　认识CC Particle Systems Ⅱ 特效

CC Particle Systems Ⅱ（CC粒子系统Ⅱ）效果是一种二维粒子运动，是较为简单的一种粒子插件，可以制作出一些简单的粒子效果，包括发散、下落、方向发射等。该特效也常用来制作文字或图片的消散、聚集效果，参数面板如下图所示。

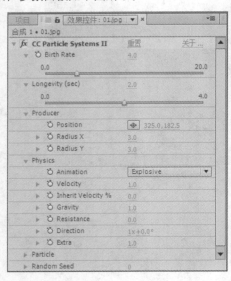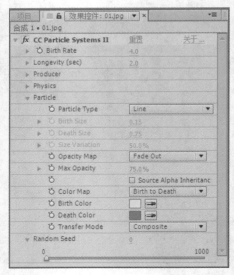

- Birth Rate（出生率）：用于设置粒子的出生率。
- Longevity(sec)（寿命）：用于设置粒子的存活寿命。
- Producer（生产者）：用于设置生产粒子的位置和半径相关属性。
  Position（位置）：用于设置生产粒子的位置。
  Radius X（X轴半径）：用于设置X轴半径大小。
  Radius Y（Y轴半径）：用于设置Y轴半径大小。
- Physics（物理）：用于设置粒子的物理相关属性。

Animation（动画）：用于设置粒子的动画类型。

Velocity（速率）：用于设置粒子的速率。

Inherit Velocity%（继承速率）：用于设置粒子的继承速率。

Gravity（重力）：用于设置粒子的重力效果。

Resistance（阻力）：用于设置阻力大小。

Direction（方向）：用于设置粒子的方向角度。

● Particle（粒子）：用于设置粒子的相关属性。

Particle Type（粒子类型）：用于设置粒子的类型。

Birth Size（出生大小）：用于设置粒子的出生大小。

Death Size（死亡大小）：用于设置粒子的死亡大小。

Size Variation（大小变化）：用于设置粒子的大小变化。

Opacity Map（不透明度映射）：用于设置不透明度效果，包括淡入、淡出等。

● Max Opacity（最大透明度）：用于设置粒子的最大透明度。

Color Map（颜色映射）：用于设置粒子的颜色映射效果。

Death Color（死亡颜色）：用于设置死亡颜色。

Transfer Mode（传输模式）：用于设置粒子的传输混合模式。

● Random Seed（随机植入）：用于设置粒子的随机植入效果。

7.2.2　CC Particle Systems II 特效的应用

选中图层，执行"效果>模拟>CC Particle Systems II 命令，在效果控件面板中设置相应的CC Particle Systems II 特效参数，如右图所示。

完成上述操作后，可观看效果对比如下图所示。

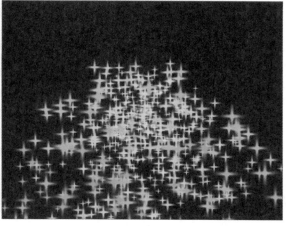

7.3　CC Particle World特效

CC Particle World（CC粒子世界）效果可以产生三维粒子运动，在影视制作过程中是十分常见。本节将为读者详细讲解该特效的相关参数和应用。

7.3.1　认识CC Particle World特效

CC Particle World（CC粒子世界）特效用于制作火花、气泡和星光等效果，其主要特点是效果制作方便、快捷、参数简单明了，该特效的参数面板如下图所示。

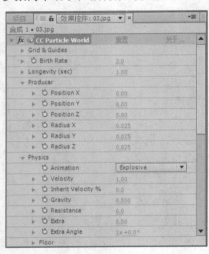 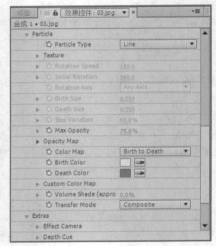

- Grid&Guides（**网格&指导**）：用于设置网格的显示与大小参数。
- Birth Rate（**出生率**）：用于设置粒子的出生率。
- Longevity(sec)（**寿命**）：用于设置粒子的存活寿命。
- Producer（**生产者**）：用于设置生产粒子的位置和半径相关属性。
  Position（**位置**）：用于设置生产粒子的位置。
  Radius X（**X轴半径**）：用于设置X轴半径大小。
  Radius Y（**Y轴半径**）：用于设置Y轴半径大小。
- Physics（**物理**）：用于设置粒子的物理相关属性。
  Animation（**动画**）：用于设置粒子的动画类型。
  Velocity（**速率**）：用于设置粒子的速率。
  Inherit Velocity%（**继承速率**）：用于设置粒子的继承速率。
  Gravity（**重力**）：用于设置粒子的重力效果。
  Resistance（**阻力**）：用于设置阻力大小。
  Extra（**附加**）：用于设置粒子的附加程度。
  Extra Angle（**附加角度**）：用于设置粒子的附加角度。
  Floor（**地面**）：用于设置地面相关属性。
  Floor Position（**地面位置**）：用于设置产生粒子的地面位置。
  Direction Axis（**方向轴**）：用于设置X/Y/Z三个轴向参数。
  Gravity Vector（**引力向量**）：用于设置X/Y/Z三个轴向的引力向量程度。
- Particle（**粒子**）：用于设置粒子的相关属性。
  Particle Type（**粒子类型**）：用于设置粒子的类型。
  Texture（**纹理**）：用于设置粒子的纹理效果。

Birth Size（出生大小）：用于设置粒子的出生大小。

Death Size（死亡大小）：用于设置粒子的死亡大小。

Size Variation（大小变化）：用于设置粒子的大小变化。

Opacity Map（不透明度映射）：用于设置不透明度效果，包括淡入、淡出等。

Max Opacity（最大透明度）：用于设置粒子的最大透明度。

Color Map（颜色映射）：用于设置粒子的颜色映射效果。

Death Color（死亡颜色）：用于设置死亡颜色。

Custom Color Map（自定义颜色映射）：用于进行自定义颜色映射。

Transfer Mode（传输模式）：用于设置粒子的传输混合模式。

● Extras（附加功能）：用于设置粒子的相关附加功能。

Extra Camera（效果镜头）：用于设置粒子效果的附加程度镜头效果。

7.3.2 CC Particle World特效的应用

选中图层，依次执行"效果>模拟>CC Particle World"命令，在效果控件面板中设置相应的CC Particle World特效参数，如右图所示。

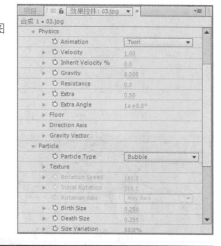

完成上述操作后，可观看效果对比如下图所示。

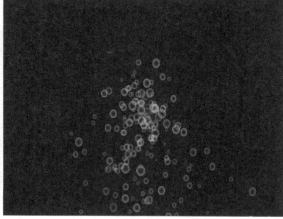

知识延伸：Form和Particular插件

Trapcode公司推出的插件是After Effects CC中最为常用的插件类型。本节将对Trapcode公司提供的Form和Particular两个用来制作粒子效果的插件进行介绍。

1. Form插件

　　Form插件是Trapcode公司提供的一款制作粒子效果的插件，使用该插件可以快速制作出各种粒子效果。安装完成后，启动After Effects CC即可在"效果>Trapcode"列表中找到该特效选项，如下左图所示。其参数设置选项如下右图所示。

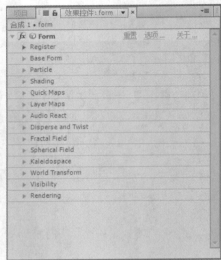

　　为文字添加该特效后的效果对比如下图所示。

2. Particular插件

　　Particular插件是一种三维的粒子系统，功能多样，能够制作出多种自然效果，如火、云、烟雾、烟花等，是一款强大的粒子效果。安装完成后，启动After Effects CC即可在"效果>Trapcode"列表下找到该特效，如下左图所示。其参数设置选项如下右图所示。

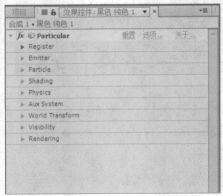

为文字添加该特效后的效果对比如下图所示。

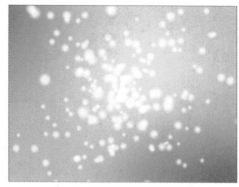

上机实训：制作粒子文字效果

在影视制作过程中，经常需要制作粒子文字效果。在本案例中，主要学习使用"镜头光晕"、"梯度渐变"、"Form（形态）"、"斜面Alpha"和"投影"效果来制作粒子文字效果。

1. 新建合成并制作背景

步骤 01 依次执行"合成>新建合成"命令，或者单击"项目"面板底部的"新建合成"按钮，如下图所示。

步骤 02 在弹出的"合成设置"对话框中设置相应的参数，如下图所示。

步骤 03 在时间轴面板中的空白处右击，依次执行"新建>纯色"命令，如下图所示。

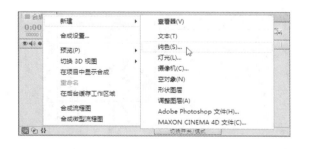

步骤 04 在弹出的"纯色设置"对话框中设置相应的参数，如下图所示。

2. 设置图层效果

步骤 01 单击"确定"按钮后,在"效果和预设"面板中依次选择"生成>梯度渐变"选项,为"纯色1"图层添加"梯度渐变"效果,如下图所示。

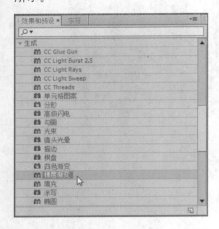

步骤 02 打开效果控件面板,设置"梯度渐变"效果属性参数,其中"起始颜色"RGB为(140,145,150),"结束颜色"RGB为(255,255,255),如下图所示。

步骤 03 完成上述操作后,即可在合成窗口中预览效果,如下图所示。

步骤 04 依次选择"生成>镜头光晕"选项,为"纯色1"图层添加"镜头光晕"效果,如下图所示。

步骤 05 打开效果控件面板,设置"镜头光晕"效果的相关属性参数,如下图所示。

步骤 06 完成上述操作后,即可在合成窗口中预览效果,如下图所示。

3. 制作文字粒子运动效果

步骤 01 依次执行"合成>新建合成"命令，或者单击"项目"面板底部的"新建合成"按钮，如下图所示。

步骤 02 在弹出的"合成设置"对话框中设置相应的参数，如下图所示。

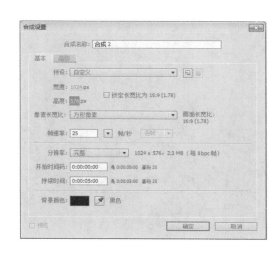

步骤 03 单击"确定"按钮后，选择横排文字工具，如下图所示。

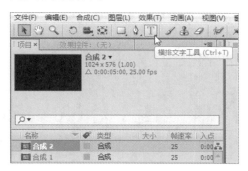

步骤 04 在合成面板中输入文字Dream，如下图所示。

步骤 05 在"字符"面板中设置相关属性参数，如下图所示。

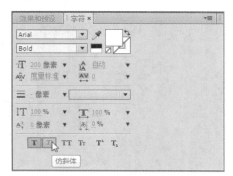

步骤 06 完成上述操作后即可观看文字效果，如下图所示。

步骤 07 选择"生成>梯度渐变"选项，为Dream图层添加"梯度渐变"效果，如下图所示。

步骤 08 打开效果控件面板，设置"梯度渐变"效果的相关属性参数，其中 "起始颜色"RGB为（255，255，255），"结束颜色"RGB为（180，180，180），如下图所示。

步骤 09 完成上述操作后，即可在合成窗口观看文字效果，如下图所示。

步骤 10 选择Dream文字图层，按快捷键Ctrl+D，复制出Dream图层，如下图所示。

步骤 11 将"项目"面板中的"Form（形态）"效果添加到Dream2图层上，如下图所示。

步骤 12 打开效果控件面板，设置"Form（形态）"效果下的"Base Form（基本形态）"参数，如下图所示。

步骤 13 然后设置"Form（形态）"效果下的"Particle（粒子）"参数，如下图所示。

步骤 14 设置"Form（形态）"效果下的"Layer Maps（图层影射）"、"Fractal Strength（分型强度）"以及"Disperse（分散）"参数，如下图所示。

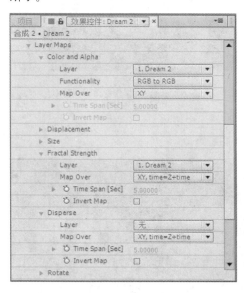

步骤 15 设置"Form（形态）"效果下的"Fractal Field（分形场）"参数，如下图所示。

步骤 16 设置"Form（形态）"效果下的"Motion Blur（运动模糊）"参数，如下图所示。

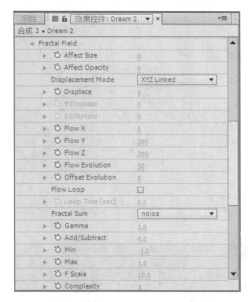

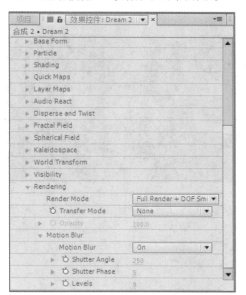

步骤 17 完成上述操作后，即可在合成面板中观看效果，如下图所示。

步骤 18 打开Dream2图层下的"Form（形态）"效果，将时间指示器拖至开始处，添加"Disperse（分散）"和"Twist（扭曲）"关键帧，参数为35；在00:00:02:00处，添加第二个关键帧，设置"Disperse（分散）"和"Twist（扭曲）"参数为0，如下图所示。

步骤 19 完成上述操作，即可拖动时间滑块预览效果，如下图所示。

步骤 20 打开"Form（形态）"效果下的"Fractal Field（分形场）"参数。用同样的方法在起始处添加"Displace（替换）"关键帧，参数为200；在00:00:02:00处，添加第二个关键帧，设置参数为0，如下图所示。

步骤 21 完成上述操作后，即可在合成面板中观看效果，如下图所示。

步骤 22 打开Dream2图层下的"变换"选项，在00:00:02:00处添加"不透明度"关键帧，设置参数为100%，在00:00:02:10处，添加第二个关键帧，设置参数为0%，如下图所示。

步骤 23 用同样的方法，给Dream图层添加关键帧，在00:00:02:00处添加"不透明度"关键帧，设置参数为0%，在00:00:02:10处，添加第二个关键帧，设置参数为100%，如下图所示。

步骤 24 完成上述操作后，即可观看效果，如下图所示。

4. 制作嵌套合成

步骤 01 将 "合成2" 合成拖到时间轴面板的 "合成1" 中，如下图所示。

步骤 02 为 "合成2" 图层添加 "斜面Alpha" 效果，如下图所示。

步骤 03 在效果控件面板中设置 "斜面Alpha" 效果参数，如下图所示。

步骤 04 完成上述操作后，即可观看效果，如下图所示。

步骤 05 为 "合成2" 图层添加 "投影" 效果，在效果控件面板中设置参数，如下图所示。

步骤 06 操作完成后，即可观看效果，如下图所示。

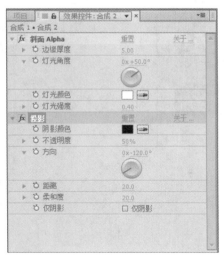

课后实践

1. 设置下雨效果

01 掌握"粒子效果"的几种不同效果；

02 执行"效果>模拟"命令，选择CC Rainfall效果；

03 在效果控件面板设置CC Rainfall效果，调整相应的参数。

2. 添加CC Star Burst效果

01 掌握"粒子效果"的几种不同效果；

02 执行"效果>模拟"命令，选择CC Star Burst效果；

03 在效果控件面板设置CC Star Burst效果，调整相应的参数。

中文版After Effects CC艺术设计实训案例教程

Chapter 08 光效

本章概述

发光效果是各种影视节目或片头中常用的效果之一，例如发光的文字或图案等。用户可以根据需要利用After Effects CC内置的发光效果，制作出许多绚烂多彩的光线特效。本章将学习在After Effects CC中制作光效的方法，以及一些光效的应用。

核心知识点

❶ 光效的基本知识
❷ 基本光效滤镜
❸ 发光效果的应用

8.1 认识光效

发光效果能够在较短的时间内给人强烈的视觉冲击力，从而令人印象深刻。在After Effects CC中，可以利用相关的效果对素材进行相应的光效制作。常用的光效包括"发光"、"镜头光晕"、"CC Light Burst（CC光线缩放）"、"CC Light Sweep （CC光线扫描）"等。

8.2 镜头光晕效果

镜头光晕效果在影视制作过程中是一种常见的光线特效，可以模拟各种光芒、镜头光斑等效果，本节将详细讲解其基础知识及使用方法。

8.2.1 认识镜头光晕效果

After Effects CC中内置的"镜头光晕"效果，专门用来处理视频镜头光晕，可以很逼真地模拟现实生活中的光晕效果，其各项属性参数介绍如下：

- 光晕中心：用于设置发光点的中心位置。
- 光晕亮度：用于设置光晕亮度的百分比。
- 镜头类型：用于模拟不同的拍摄焦距产生的镜头光晕效果。
- 与原始图像混合：用于调整镜头光晕与场景的混合程度。

8.2.2 应用镜头光晕效果

选中图层，依次执行"效果>生成>镜头光晕"命令，如下左图所示。在效果控件面板中设置相应的参数，如下右图所示。

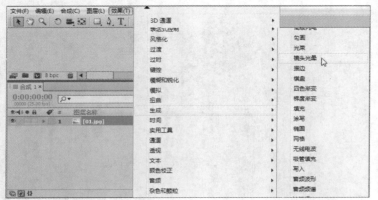

完成上述操作后，即可观看应用效果的对比，如下图所示。

8.3 发光效果

发光效果是常用的光线特效，本节将详细讲解其基础知识以及使用方法。

8.3.1 认识发光效果

发光效果可以应用在文字和带有Alpha通道的图像素材上，使其产生发光的效果，各项属性参数介绍如下：

- **发光基于**：选择发光依据的通道，包括"颜色通道"和"Alpha通道"两个选项。
- **发光阈值**：设置发光的阈值百分比。
- **发光半径**：设置发光的半径大小。
- **发光强度**：设置发光的强度。
- **合成原始项目**：可以选择合成项目的位置，有"顶端"、"后面"、"无"3个选项。
- **发光操作**：设置发光的混合模式。
- **发光颜色**：设置发光的颜色。
- **颜色循环**：设置色彩循环的数值。
- **颜色循环**：设置色彩循环的方式。
- **色彩相位**：设置光的颜色相位。
- **A和B中点**：设置辉光颜色A和B的中点百分比。
- **颜色A/B**：选择颜色A/B。
- **发光维度**：指定发光效果的作用方向。

8.3.2 应用发光效果

选中图层，依次执行"效果>风格化>发光"命令，如下左图所示。在"效果控件"面板设置相应参数，如下右图所示。

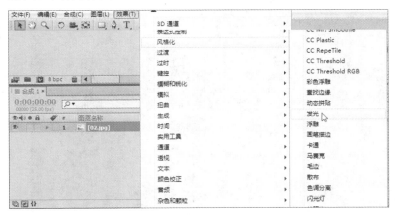 

完成上述操作后，即可观看应用效果的对比，如下图所示。

8.4　CC Light Rays效果

"CC Light Rays（射线光）"效果是影视后期特效制作中比较常用的光线特效，本节将详细讲解其基础知识以及应用方法。

8.4.1　认识CC Light Rays效果

"CC Light Rays（射线光）"效果可以利用图像上不同颜色产生不同的放射光，而且具有变形效果，其各项属性参数介绍如下：

- Intensity（强度）：用于调整射线光的强度，数值越大，光线越强。
- Center（中心）：设置放射的中心点位置。
- Radius（半径）：设置射线光的半径。
- Warp Softness（柔化光芒）：设置射线光的柔化程度。
- Shape（形状）：用于调整射线光光源发光形状，包括"Round（圆形）"和"Square（方形）"两种形状。
- Direction（方向）：用于调整射线光照射方向。
- Color from Source（颜色来源）：勾选该复选框，光芒会呈放射状。
- Allow Brightening（中心变亮）：勾选该复选框，光芒的中心变亮。
- Color（颜色）：用来调整射线光的发光颜色。
- Transfer Mode（转换模式）：设置射线光与源图像的叠加模式。

8.4.2　应用CC Light Rays效果

选中图层，依次执行"效果>生成> CC Light Rays"命令，如下左图所示。在效果控件面板设置相应的参数，如下右图所示。

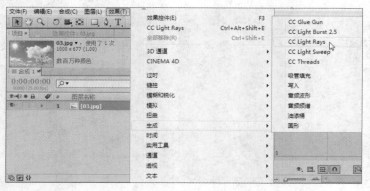

完成上述操作后，即可观看应用效果的对比，如下图所示。

中文版After Effects CC艺术设计实训案例教程

8.5 CC Light Burst 2.5效果

"CC Light Burst 2.5（CC光线缩放2.5）" 效果可以使图像局部产生强烈的光线放射效果，类似于径向模糊效果，本节将为读者详细讲解其基础知识和使用方法。

8.5.1 认识CC Light Burst 2.5效果

"CC Light Burst 2.5（CC光线缩放2.5）" 效果可以应用在文字图层上，也可以应用在图片或视频图层上，其各项属性参数介绍如下：

- Center（中心）：设置爆裂中心点的位置。
- Intensity（亮度）：设置光线的亮度。
- Ray Length（光线强度）：设置光线的强度。
- Burst（爆裂）：设置爆裂的方式，包括Straight、Fade和Center三种。
- Set Color（设置颜色）：勾选该复选框，设置光线的颜色。

8.5.2 应用CC Light Burst 2.5效果

选中图层，依次执行"效果>生成> CC Light Burst 2.5"命令，如下左图所示。在效果控件面板中设置相应的参数，如下右图所示。

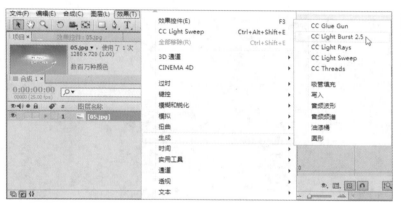 

完成上述操作后，即可观看应用效果的对比，如下图所示。

8.6　CC Light Sweep效果

"CC Light Sweep（CC光线扫描）"效果可以在图像上制作出光线扫描的效果，本节将为读者详细讲解其基础知识以及使用方法。

8.6.1　认识CC Light Sweep效果

"CC Light Sweep（CC光线扫描）"效果既可以应用在文字图层上，也可以应用在图片或视频素材上，各项属性参数介绍如下：

- Center（中心）：设置扫光的中心点位置。
- Direction（方向）：设置扫光的旋转角度。
- Shape（形状）：设置扫光线的形状，包括"Linear（线性）"、"Smooth（光滑）"、"Sharp（锐利）"三种形状。
- Width（宽度）：设置扫光的宽度。
- Sweep Intensity（扫光亮度）：调节扫光的亮度。
- Edge Intensity（边缘亮度）：调节光线与图像边缘相接触时明暗程度。
- Edge Thickness（边缘厚度）：调节光线与图像边缘相接触时光线厚度。
- Light Color（光线颜色）：设置产生光线颜色。
- Light Reception（光线接收）：用来设置光线与源图像的叠加方式，包括"Add（叠加）"、"Composite（合成）"和"Cutout（切除）"3种。

8.6.2　应用CC Light Sweep效果

选中图层，依次执行"效果>生成> CC Light Sweep"命令，如下左图所示。在效果控件面板中设置相应的参数，如下右图所示。

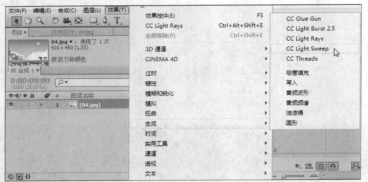

完成上述操作后，即可观看应用效果的对比，如下图所示。

中文版After Effects CC艺术设计实训案例教程

知识延伸：Shine和Starglow插件

这里将对插件Shine和Starglow的相关知识展开介绍。

1. Shine插件

Shine插件是Trapcode公司提供的一款制作光效的插件，使用Shine插件可以快速制作出各种光线效果。安装完成后，启动After Effects CC即可在"效果>Trapcode"列表下找到该特效，如下左图所示。Shine特效对应的参数面板如下右图所示。

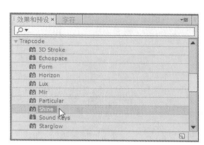

为文字添加该特效后的效果对比，如下图所示。

2. Starglow插件

Starglow插件也是Trapcode公司提供的一款制作光效的插件，使它可以根据图像中的高光部分创建星光闪耀的效果。安装完成后，启动After Effects CC即可在"效果>Trapcode"列表下找到该特效，如下左图所示。Starglow特效对应的参数面板如下右图所示。

为文字添加该特效后的效果对比，如下图所示。

利用After Effects CC可以制作出绚烂多彩的光效，在本案例中，主要学习使用"镜头光晕"和"CC光线扫描"效果来制作宇宙光效。

1. 新建合成并导入素材

步骤 01 依次执行"合成>新建合成"命令，或者单击"项目"面板底部的"新建合成"按钮，如下图所示。

步骤 02 在弹出的"合成设置"对话框中设置相应的参数，如下图所示。

步骤 03 依次执行"文件>导入>文件"命令，或按Ctrl+I组合键，如下图所示。

步骤 04 在弹出的"导入文件"对话框中选择需要导入的文件，如下图所示。

步骤 05 单击"导入"按钮后，将"项目"面板中的素材拖至时间轴中，设置"宇宙.jpg"图层"变换"属性的相关参数，如下图所示。

2. 设置光线效果

步骤 01 选中"宇宙.jpg"图层，依次执行"效果>生成>镜头光晕"命令，为图层添加"镜头光晕"效果，如下图所示。

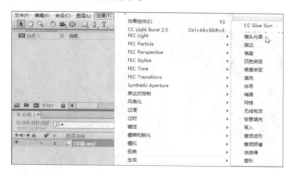

步骤 03 完成上述操作后即可预览光线效果，如下图所示。

步骤 06 完成上述操作之后，在合成窗口预览效果，如下图所示。

步骤 02 在效果控件面板中设置"镜头光晕"效果的参数，如下图所示。

步骤 04 依次执行"效果>生成>CC Light Sweep"命令，为"宇宙.jpg"图层添加"CC Light Sweep（CC光线扫描）"效果，如下图所示。

步骤 05 打开效果控件面板，设置"CC Light Sweep（CC光线扫描）"效果的参数，如下图所示。

步骤 06 完成上述操作后即可在合成窗口预览光线效果，如下图所示。

步骤 07 用同样的方法为"宇宙.jpg"图层添加"CC Light Sweep（CC光线扫描）"效果，并在效果控件面板中设置参数，如下图所示。

步骤 08 完成上述操作后可观看效果，如下图所示。

3. 设置关键帧动画并保存项目

步骤 01 将时间指示器拖至开始处，给"CC Light Sweep（CC光线扫描）"效果的"Direction（方向）"属性添加第一个关键帧，设置参数如下图所示。

步骤 02 用同样的方法在00:00:02:00处添加第二个关键帧，设置参数如下图所示。

步骤 03 依次执行"文件>保存"命令,设置保存名称和位置即可保存项目,如下图所示。

步骤 04 完成上述操作后,即可在合成窗口预览效果,如下图所示。

课后实践

1. 制作镜头光晕效果

操作要点

01 掌握光效的几种不同效果;

02 执行"效果>生成"命令,选择"镜头光晕"效果;

03 在效果控件面板设置"镜头光晕"效果,并调整相应的参数。

2. 添加CC Glue Gun效果

操作要点

01 掌握光效的几种不同效果;

02 执行"效果>生成"命令,选择CC Glue Gun效果;

03 在效果控件面板设置CC Glue Gun效果,并调整相应的参数。

Chapter 09 抠像与跟踪

本章概述

在影视制作过程中，抠像技术被广泛采用，After Effects CC中的抠像功能日益完善，整合了Keylight，并提供多种用于抠像的效果。此外，用户还可以使用运动与稳定跟踪功能，使一个图层对象始终跟随在一个运动对象之后运动。本章将为读者详细讲解键控效果以及运动与稳定跟踪的相关知识。

核心知识点

1. 键控特效的种类
2. 键控抠像效果的应用
3. 跟踪与稳定
4. 应用跟踪与稳定

9.1 键控

"键控"也叫叠加或抠像，在影视制作领域是被广泛采用的技术手段，它和蒙版在应用上基本相似。常用的绿屏或蓝屏抠像，主要是将素材中的背景去掉，从而保留场景中的主题。After Effects CC中提供各种键控效果，本节将讲解键控特效的相关知识。

9.1.1 "差值遮罩"效果

(1) "差值遮罩"的基础知识

"差值遮罩"效果通过对差异与特效层进行颜色对比，将相同颜色区域抠出，制作出透明的效果，各项参数介绍如下：

- **视图**：用于选择不同的图像视图。
- **差值图层**：用于指定与特效层进行比较的差异层。
- **如果图层大小不同**：设置差异层与特效层的对齐方式。
- **匹配容差**：用于设置颜色对比的范围大小。值越大，包含的颜色信息量越大。
- **匹配柔和度**：用于设置颜色的柔化程度。
- **差值前模糊**：用于设置模糊值。

(2) "差值遮罩"的使用方法

选中图层，依次执行"效果>键控>差值遮罩"命令，如下左图所示。在效果控件面板中设置相应的参数，如下右图所示。

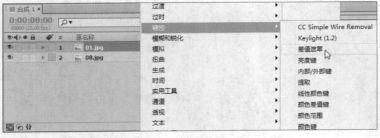 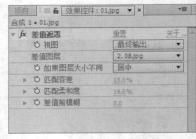

完成上述操作后，即可观看应用效果的对比，如下图所示。

9.1.2 "亮度键"效果

(1)"亮度键"效果的基础知识

"亮度键"效果主要是利用图像中像素的不同亮度来进行抠图，该特效主要用于明暗对比度比较大但色相变化不大的图像。"亮度键"特效的参数设置介绍如下。

- **键控类型**：用于指定亮度键类型。其中，"亮部抠出"选项可以使比指定亮度值亮的像素透明；"暗部抠出"选项可以使比亮度值暗的像素透明；"扣除相似区域"选项可以使亮度值宽容度范围内的像素透明；"抠出非相似区域"选项可以使亮度值宽容度范围外的像素透明。
- **阈值**：指定键出的亮度值。
- **容差**：指定键出亮度的宽容度。
- **薄化边缘**：设置对键出区域边界的调整。
- **羽化边缘**：设置键出区域边界的羽化度。

(2)"亮度键"效果的使用方法

选中图层，依次执行"效果>键控>亮度键"命令，如下左图所示。在效果控件面板中设置相应的参数，如下右图所示。

完成上述操作后，即可观看应用效果的对比，如下图所示。

9.1.3 "内部/外部键" 效果

(1) "内部/外部键" 效果的基础知识

"内部/外部键" 特效可以通过指定的遮罩来定义内边缘和外边缘，然后根据内外遮罩进行像素差异比较，从而得到一个透明的效果。

- **前景（内部）**：为键控特效指定前景遮罩。
- **其他前景**：对于较为复杂的键控对象，需要为其指定多个遮罩，以进行不同部位的键出。
- **背景（外部）**：为键控特效指定外边缘遮罩。
- **其他背景**：在该选项中添加更多的背景遮罩。
- **单个蒙版高光半径**：当使用单一遮罩时，修改该参数可以扩展遮罩的范围。
- **清理前景**：在该参数栏中，可以根据指定的路径，清除前景色。
- **清理背景**：在该参数栏中，可以根据指定的路径，清除背景。
- **薄化边缘**：用于设置边缘的粗细。
- **羽化边缘**：用于设置边缘的柔化程度。
- **边缘阈值**：用于设置边缘颜色的阈值。
- **反转提取**：勾选该复选框，将设置的提取范围进行反转操作。
- **与原始图像混合**：用于设置特效图像与原始图像间的混合比例，值越大，特效图与原图就越接近。

(2) "内部/外部键" 效果的使用方法

选中图层，依次执行 "效果>键控>内部/外部键" 命令，如下左图所示。在效果控件面板中设置相应的参数，如下右图所示。

完成上述操作后，即可观看应用效果的对比，如下图所示。

9.1.4 "颜色范围"效果

（1）"颜色范围"效果的基础知识

"颜色范围"特效通过键出指定的颜色范围产生透明效果，可以应用的色彩空间包括Lab、YUV和RGB，这种键控方式可以应用在背景包含多个颜色、背景亮度不均匀和包含相同颜色的阴影等方面，这个新的透明区域就是最终的Alpha通道。

- **键控滴管**：该工具可以从蒙版缩略图中吸取监控色，用于在遮罩视图中选择开始键控颜色。
- **加滴管**：该工具可以增加监控色的颜色范围。
- **减滴管**：该工具可以减少监控色的颜色范围。
- **模糊**：对边界进行柔和模糊，用于调整边缘柔化度。
- **色彩空间**：设置键控颜色范围的颜色空间，有Lab、YUV和RGB 3种方式。
- **最小值/最大值**：对颜色范围的开始和结束颜色进行精细调整，精确调整颜色空间参数，（L，Y，R）、（a，U，G）和（b，V，B）代表颜色空间的3个分量。最小值调整颜色范围开始，最大值调整颜色范围结束。

（2）"颜色范围"效果的使用方法

选中图层，依次执行"效果>键控>颜色范围"命令，如下左图所示。在效果控件面板中设置相应的参数，如下图所示。

完成上述操作后，即可观看应用效果的对比，如下图所示。

9.1.5 "溢出抑制"效果

（1）"溢出抑制"效果的基础知识

"溢出抑制"特效可以去除键控后图像残留的键控痕迹，可以将素材的颜色替换成另外一种颜色。

- **要抑制的颜色**：用于设置需要抑制的颜色。

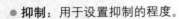

● **抑制**：用于设置抑制的程度。

(2)"溢出抑制"效果的使用方法

选中图层，依次执行"效果>键控>溢出抑制"命令，如下左图所示。在效果控件面板中设置相应的参数，如下右图所示。

完成上述操作后，即可观看应用效果的对比，如下图所示。

实例11 制作卡通海报

通过前面对颜色校正和抠像特效的了解，本实例将结合所学习的内容，利用键控特效制作卡通海报。

1. 新建合成并导入素材

步骤01 依次执行"合成>新建合成"命令，或者单击"项目"面板底部的"新建合成"按钮，如下图所示。

步骤02 在弹出的"合成设置"对话框中设置相应的参数，如下图所示。

步骤 03 依次执行"文件>导入>文件"命令，或按快捷键Ctrl+I，如下图所示。

步骤 04 在弹出的"导入文件"对话框中选择需要导入的文件，如下图所示。

2. 设置键控效果

步骤 01 单击"导入"按钮后，将"项目"面板的素材拖至时间轴中，设置"草地.jpg"图层"变换"属性的相关参数，如下图所示。

步骤 02 完成上述操作之后，在合成窗口预览效果，如下图所示。

步骤 03 用同样的方法设置"卡通.jpg"图层"变换"属性的相关参数，如下图所示。

步骤 04 完成上述操作之后，在合成窗口预览效果，如下图所示。

步骤 05 依次执行"效果>键控>颜色键"命令，为"卡通.jpg"图层添加"颜色键"效果，如下图所示。

步骤 06 在效果控件面板中单击"主色"后面的工具，并在"卡通.jpg"素材中吸取背景色，效果如下图所示。

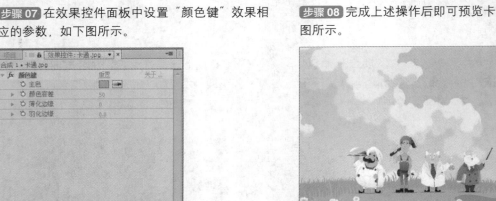

步骤 07 在效果控件面板中设置"颜色键"效果相应的参数，如下图所示。

步骤 08 完成上述操作后即可预览卡通效果，如下图所示。

9.2 运动跟踪与运动稳定

运动跟踪和运动稳定在影视后期处理中应用相当广泛，在After Effects CC中，多用来将画面中的一部分进行替换和跟随、或是使晃动的视频变得平稳。本节将详细讲解运动跟踪和运动稳定的相关知识。

9.2.1 认识运动跟踪和运动稳定

运动跟踪是根据对指定区域进行运动的跟踪分析，并自动创建关键帧，将跟踪的结果应用到其他层或效果上，制作出动画效果。比如让燃烧的火焰跟随运动的球体，给天空中的飞机吊上一个物体并随飞机飞行，给翻动的镜框加上照片效果等。不过，跟踪只会对运动的影片进行跟踪，不会对单帧静止的图像实行跟踪。

运动稳定是对前期拍摄的影片进行画面稳定的处理，用来消除前期拍摄过程中出现的画面抖动问题，使画面变平稳。

9.2.2 创建跟踪与稳定

在After Effects CC中，可以在"跟踪器"面板中进行运动跟踪和运动稳定的设置。选中一个图层，依次执行"动画>运动跟踪"命令，如下左图所示。在弹出的"跟踪器"面板中进行相应参数的设置，如下右图所示。

9.2.3 跟踪器

在了解了运动与跟踪稳定的相关知识后，下面将介绍After Effects CC中的跟踪方式，包括一点跟踪和四点跟踪。

（1）一点跟踪

选择需要跟踪的图层，依次执行"动画>跟踪运动"命令，如下左图所示。在图层面板中调整跟踪点位置，如下右图所示。

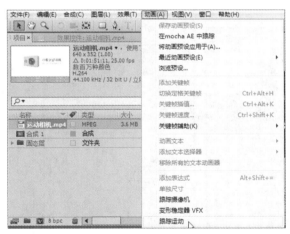

在弹出的"跟踪器"面板中单击"向前分析"按钮，如下左图所示。完成上述操作，即可预览跟踪效果，如下右图所示。

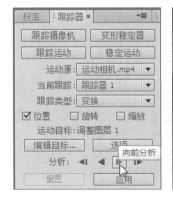

（2）四点跟踪

选择需要跟踪的图层，依次执行"动画>跟踪运动"命令，如下左图所示。在弹出的"跟踪器"面板中单击"跟踪运动"按钮，并设置"跟踪类型"为"透视边角定位"，如下右图所示。

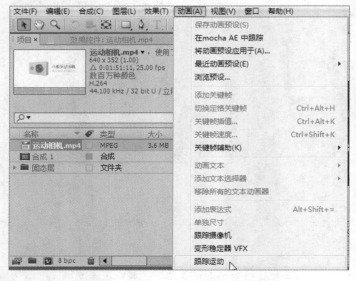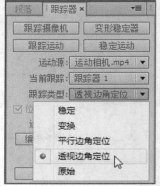

在图层面板中调整四个跟踪点的位置，如下左图所示。完成上述操作后，单击"分析前进"按钮，即可预览跟踪效果，如下右图所示。

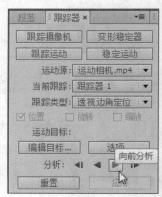

上机实训：制作马赛克跟随效果

在影视节目制作过程中，经常会应用马赛克对视频对象进行跟随设置，本案例主要介绍使用调整图层、马赛克效果和跟踪器制作马赛克跟随效果的操作方法。

1. 新建合成并导入素材

步骤01 依次执行"合成>新建合成"命令，或者单击"项目"面板底部的"新建合成"按钮，如下图所示。

步骤02 在弹出的"合成设置"对话框中设置相应的参数，如下图所示。

中文版After Effects CC艺术设计实训案例教程

步骤03 依次执行"文件>导入>文件"命令，或按快捷键Ctrl+I，如下图所示。

步骤04 在弹出的"导入文件"对话框中选择需要导入的文件，如下图所示。

步骤05 单击"导入"按钮后，将"项目"面板中的"舞蹈.avi"素材拖入时间轴，并设置参数，如下图所示。

步骤06 设置完成后即可预览效果，如下图所示。

2. 制作马赛克跟踪效果

步骤01 在时间轴面板中的空白处单击鼠标右键，在弹出的菜单中依次执行"新建>调整图层"命令，如下图所示。

步骤02 完成上述操作后，在时间轴面板中将出现"调整图层1"图层，如下图所示。

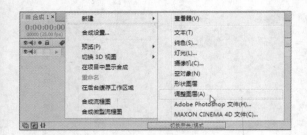

步骤 03 选择"项目"面板中的"调整图层1"图层,依次执行"图层>纯色设置"命令,如下图所示。

步骤 04 在弹出的"纯色设置"对话框中设置相应的参数,如下图所示。

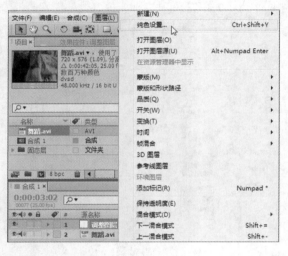

步骤 05 单击"确定"按钮后,依次选择"风格化>马赛克"选项,为"调整图层1"添加"马赛克"效果,如下图所示。

步骤 06 在效果控件面板中设置"水平块"为30,"垂直块"为25,如下图所示。

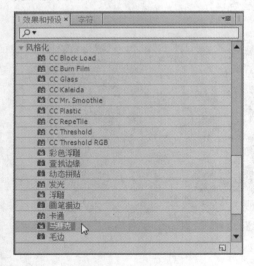

步骤 07 完成上述操作后,即可在合成窗口中观看效果,如下图所示。

步骤 08 依次执行"窗口>跟踪器"命令,如下图所示。

步骤 09 选择"舞蹈.avi"图层，在弹出的"跟踪器"面板中单击"向前分析"按钮，如下图所示。

步骤 10 将时间指示器拖至开始处，在"舞蹈.avi"图层监视器中调整"跟踪点1"的位置，并适当调整搜寻范围框和特征范围框的大小，如下图所示。

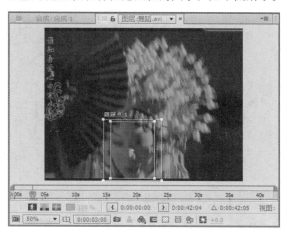

步骤 11 选择"舞蹈.avi"图层，单击"跟踪器"面板中的"向前分析"按钮，如下图所示。

步骤 12 完成上述操作后，可以看见图层监视器面板中出现跟踪器的关键帧，如下图所示。

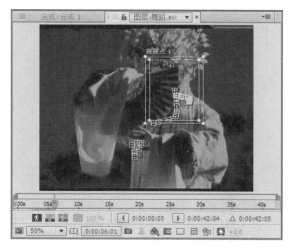

步骤 13 选择"调整图层1"图层，单击"跟踪器"面板中的"应用"按钮，如下图所示。

步骤 14 在弹出的"动态跟踪器应用选项"对话框中单击"确定"按钮，如下图所示。

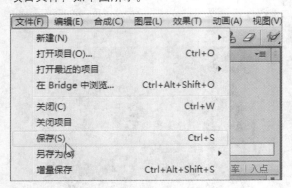

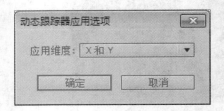

步骤 15 依次执行"文件>保存"命令，即可保存项目文件，如下图所示。

步骤 16 完成上述操作后，即可在合成窗口观看效果，如下图所示。

课后实践

1. 利用"Keylight（1.2）"效果抠像

2. 利用"线性颜色"效果抠像

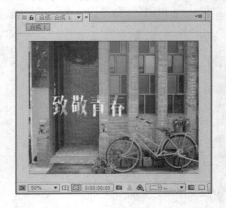

操作要点

01 掌握抠像的几种不同方式；

02 执行"效果>生成"命令，选择"Keylight（1.2）"效果选项；

03 在效果控件面板中设置"Keylight（1.2）"效果参数，达到最佳效果。

操作要点

01 掌握抠像的几种不同方式；

02 执行"效果>生成"命令，选择"线性颜色"效果选项；

03 在效果控件面板中设置"线性颜色"效果参数，达到最佳效果。

02 PART

综合案例篇

综合案例篇共包含3章内容，对After Effects CC的应用热点逐一进行理论分析和案例精讲，在巩固前面所学基础知识的同时，使读者将所学知识应用到日常的工作学习中，真正做到学以致用。

本章概述

在影视制作中，一个好的影视节目预告十分重要，学会运用After Effects CC制作一个精美的节目预告，是本章学习的重点。本案例将介绍制作一个影视节目预告的操作思路和方法。通过创建项目、文字过渡动画、背景合成等操作，从而可以观看到整体的节目预告的效果。

核心知识点

❶ 新建项目与素材导入
❷ 关键帧的运用和设置
❸ 字幕的创建和设置
❹ 视频效果的设置

10.1 创意构思

　　电视媒体是备受关注的一个行业，在收看电视节目的过程中，经常会通过电视节目预告来了解电视节目接下来的放送内容。一个精彩的节目预告设计，是一个节目不可或缺的一部分。我们可以使用节目菜单展示和背景音乐相结合的方式，并添加一些背景图片辅助，本实例最终完成后的部分画面如下图所示。

10.2　制作背景

下面将介绍节目背景合成的制作方法，主要涉及到的知识点包括新建合成、纯色图层设置、遮罩的创建和应用、"填充"效果应用等。

步骤 01 依次执行"合成>新建合成"命令，或者单击"项目"面板底部的"新建合成"按钮，如下图所示。

步骤 02 在弹出的"合成设置"对话框中设置相应的参数，如下图所示。

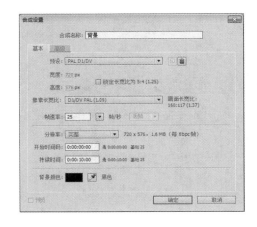

步骤 03 单击"确定"按钮，在时间轴面板的空白处右击，在弹出的菜单中依次执行"新建>纯色"命令，如下图所示。

步骤 04 在弹出的"纯色设置"对话框中设置参数，如下图所示。

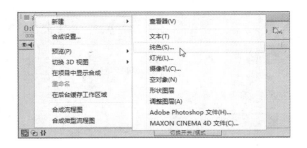

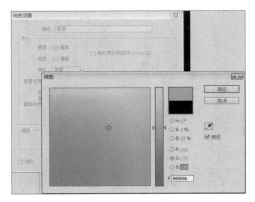

步骤 05 单击"确定"按钮后，用同样的方法新建"纯色1"图层，如下图所示。

步骤 06 在弹出的"纯色设置"对话框中设置参数，如下图所示。

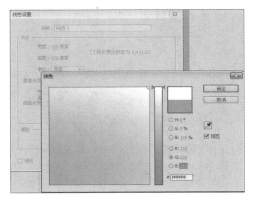

153

步骤 07 单击"确定"按钮后，即可在合成窗口预览效果，如下图所示。

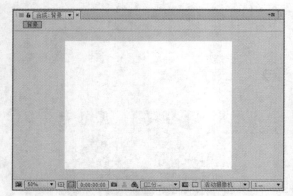

步骤 08 在工具栏中选择圆角矩形工具，如下图所示。

步骤 09 在合成窗口中绘制一个圆角矩形遮罩，如下图所示。

步骤 10 依次展开并选择"纯色1>蒙版>蒙版1"选项，设置相应的属性参数，如下图所示。

步骤 11 完成上述操作后，即可在合成窗口中预览效果，如下图所示。

步骤 12 在"效果与预设"面板中依次执行"生成>填充"命令，为"纯色1"图层添加"填充"效果，如下图所示。

步骤 13 打开效果控件面板，设置"填充"效果参数，设置颜色为RGB（200，200，200），如下图所示。

步骤 14 查看设置后的效果，如下图所示。

中文版After Effects CC艺术设计实训案例教程

10.3 制作片头动画

下面将介绍节目预告合成操作方法，主要涉及到的知识点包括新建合成、文件导入、字幕创建与设置、关键帧设置和"泡沫"效果应用。

1. 新建合成并导入文件

步骤 01 依次执行"合成>新建合成"命令，或者单击"项目"面板底部的"新建合成"按钮，如下图所示。

步骤 02 在弹出的"合成设置"对话框中设置相应的参数，如下图所示。

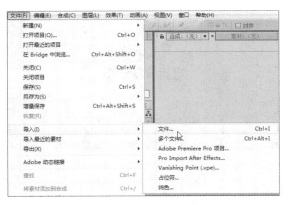

步骤 03 依次执行"文件>导入>文件"命令，或按快捷键Ctrl+I，如下图所示。

步骤 04 在弹出的"导入文件"对话框中选择需要导入的文件，如下图所示。

步骤05 单击"导入"按钮后,将"项目"面板中的"01.png"素材导入时间轴面板,并设置参数,如下图所示。

2. 创建字幕并设置动画

步骤01 在工具栏中选择横排文字工具,如下图所示。

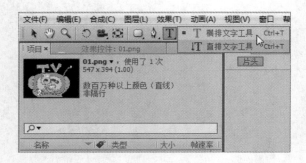

步骤03 打开"字符"面板,设置文字属性参数,如下图所示。

步骤06 完成上述操作后即可预览效果,如下图所示。

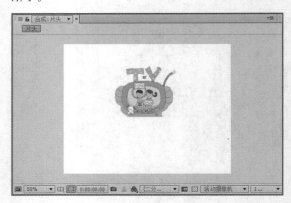

步骤02 在合成窗口中输入文字"电视节目预告",如下图所示。

步骤04 完成上述操作后,即可在合成窗口中预览效果,如下图所示。

中文版After Effects CC艺术设计实训案例教程

步骤 05 将"项目"面板中的"背景"合成拖至"片头"合成中，如下图所示。

步骤 06 完成上述操作后，即可在合成窗口中预览效果，如下图所示。

步骤 07 在"项目"面板中的空白处双击，在弹出的对话框中选择"02.png"文件，如下图所示。

步骤 08 单击"导入"按钮，并把"02.png"素材拖至时间轴面板中，如下图所示。

步骤 09 在时间轴面板中设置"02.png"图层属性，如下图所示。

步骤 10 依次执行"效果>模拟>泡沫"命令，给"02.png"图层添加"泡沫"效果，如下图所示。

步骤 11 打开效果控件面板，设置"泡沫"效果的相关属性参数，如下图所示。

步骤 12 完成上述操作后，即可拖动时间滑块预览效果，如下图所示。

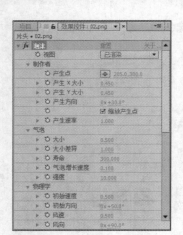

步骤13 在效果控件面板中设置"泡沫"效果的 "正在渲染"属性，如下图所示。

步骤14 完成上述操作后，即可拖动时间滑块预览效果，如下图所示。

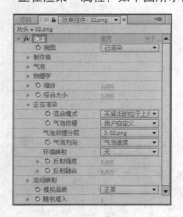

10.4 制作文字过渡

　　下面将介绍节目预告合成操作方法，其主要涉及到的知识点包括新建合成、字幕创建和设置、关键帧应用、"CC RepeTile（CC反复平铺）"效果和"填充"效果应用。

1. 创建字幕

步骤01 依次执行"合成>新建合成"命令，新建 "文字过渡"合成，如下图所示。

步骤02 单击"确定"按钮后，将"项目"面板中的"背景"合成拖入时间轴面板中，如下图所示。

步骤 03 选择横排文字工具，在合成窗口中输入文字"欢乐剧场"，如下图所示。

步骤 05 打开"字符"面板，设置"欢乐剧场"文字图层的属性参数，如下图所示。

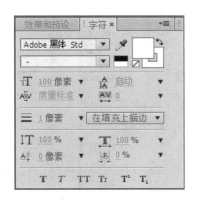

2. 设置字幕效果

步骤 01 选择"欢乐剧场"文字图层，按快捷键Ctrl+D复制图层，如下图所示。

步骤 03 在"效果和预设"面板中依次选择"生成>填充"选项，为"欢乐剧场2"图层添加"填充"效果，如下图所示。

步骤 04 完成操作后即可在合成窗口中预览效果，如下图所示。

步骤 06 完成上述操作后，即可预览效果，如下图所示。

步骤 02 将复制出的"欢乐剧场2"图层拖至"欢乐剧场"图层下方，如下图所示。

步骤 04 打开效果控件面板，设置"填充"效果参数，设置颜色为RGB（100，200，230）如下图所示。

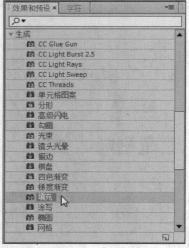

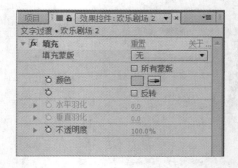

步骤 05 在"效果和预设"面板中依次选择"风格化>CC RepeTile"选项,为"欢乐剧场2"图层添加"CC RepeTile（CC反复平铺）"效果,如下图所示。

步骤 06 打开效果控件面板,设置"CC RepeTile（CC反复平铺）"效果参数,如下图所示。

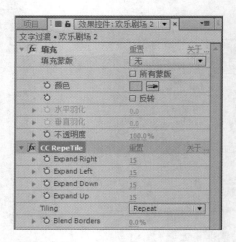

步骤 07 完成上述操作后,即可预览效果,如下图所示。

步骤 08 在"效果和预设"面板中依次选择"通道>转换通道"选项,为"欢乐剧场2"图层添加"转换通道"效果,如下图所示。

步骤09 打开效果控件面板，设置"转换通道"效果参数，如下图所示。

步骤11 用同样的方法在合成窗口输入文字"欢迎收看"，并设置参数和位置，如下图所示。

3. 设置文字动画效果

步骤01 选择"欢迎收看"文字图层，将时间指示器拖至00:00:00:00处，添加第一个关键帧，设置位置为（-350, 95）；在00:00:01:00处添加第二个关键帧，设置位置为（170, 95）；在00:00:03:00处添加第三个关键帧，设置位置为（20, 250）；在00:00:03:00处添加第四个关键帧，设置位置为（80, 250），如下图所示。

步骤10 完成上述操作后，即可在合成窗口中预览效果，如下图所示。

步骤12 完成上述操作后，即可预览效果，如下图所示。

步骤02 完成上述操作后，即可预览效果，如下图所示。

步骤 03 选择"欢乐剧场2"图层，将时间指示器拖至00:00:03:00处添加第一个关键帧，设置不透明度为0；在00:00:03:05处添加第二个关键帧，设置不透明度为100%，如下图所示。

步骤 04 完成上述操作后，即可预览效果，如下图所示。

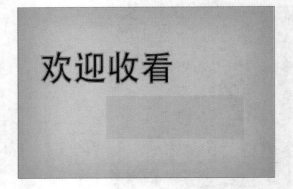

步骤 05 选择"欢乐剧场"图层，将时间指示器拖至00:00:03:05处添加第一个关键帧，设置不透明度为0；在00:00:03:20处添加第二个关键帧，设置不透明度为100%，如下图所示。

步骤 06 完成上述操作后，即可预览效果，如下图所示。

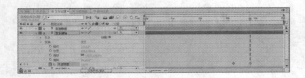

10.5 制作节目预告

　　下面将介绍节目预告合成操作方法，主要涉及到的知识点包括新建合成、纯色图层、字幕设置、"梯度渐变"效果和"CC Light Sweep（光线扫描）"效果的应用。

步骤 01 依次执行"合成>新建合成"命令，新建一个"节目预告"合成，如下图所示。

步骤 02 单击"确定"按钮，在时间轴面板的空白处右击，在打开的对话框中新建一个"节目预告"纯色层，如下图所示。

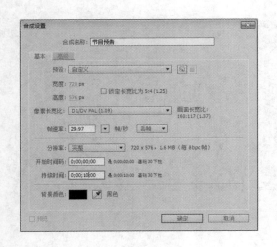

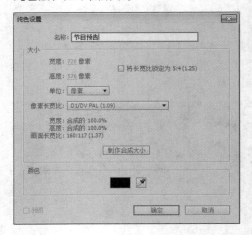

步骤 03 单击"确定"按钮后，依次选择"效果>生成>梯度渐变"选项，给"节目预告"图层添加"梯度渐变"效果，如下图所示。

步骤 05 完成上述操作后，即可预览效果，如下图所示。

步骤 07 依次选择"效果>生成>CC Light Sweep"选项，给"纯色1"图层添加"CC Light Sweep（光线扫描）"效果，如下图所示。

步骤 04 打开效果控件面板，设置"梯度渐变"效果参数，起始颜色为RGB（120, 120, 120），如下图所示。

步骤 06 用同样的方法新建一个"纯色1"图层，并设置其缩放参数，如下图所示。

步骤 08 打开效果控件面板，设置"CC Light Sweep（光线扫描）"效果参数，如下图所示。

步骤 09 完成上述操作后，即可在合成窗口预览效果，如下图所示。

步骤 10 在工具栏中选择矩形工具，并在合成窗口中绘制一个遮罩，如下图所示。

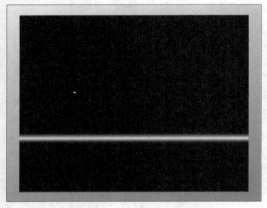

步骤 11 将"纯色1"图层模式改为"屏幕"，并设置蒙版参数，如下图所示。

步骤 12 完成上述操作后，即可预览效果，如下图所示。

步骤 13 用同样的方法新建一个"纯色2"图层，如下图所示。

步骤 14 单击"确定"按钮后，依次选择"效果>生成>梯度渐变"选项，给"纯色2"图层添加"梯度渐变"效果，如下图所示。

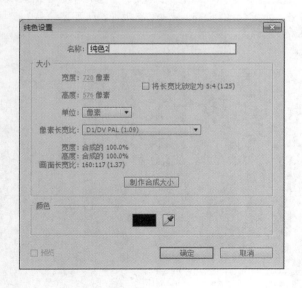

步骤 15 打开效果控件面板，设置"梯度渐变"效果参数，如下图所示。

步骤 16 完成上述操作后，即可预览效果，如下图所示。

步骤 17 用圆矩形工具在合成窗口，绘制一个遮罩，如下图所示。

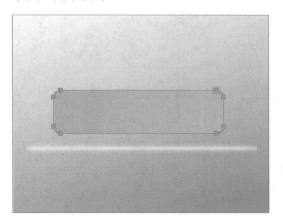

步骤 18 在合成窗口输入文字"19:30 动画超人气20:00宝贝晒一晒"，并在"字符"面板中设置文字属性，如下图所示。

步骤 19 完成操作后，即可在合成窗口中预览效果，如下图所示。

步骤 20 选择"纯色2"和文字图层，按快捷键Ctrl+D，复制图层，如下图所示。

步骤 21 选择"纯色2"和文字图层并右击，在弹出的菜单中执行"预合成"命令，如下图所示。

步骤 22 在弹出的"预合成"对话框中设置相应的参数，如下图所示。

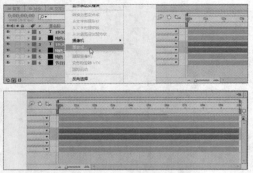

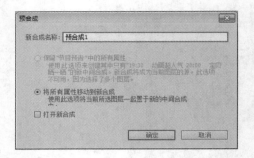

步骤 23 将时间指示器拖至00:00:02:00处，为"预合成1"图层添加第一个关键帧，设置位置为(970, 205)；在00:00:04:00处添加第二个关键帧，设置位置为（490,330），如下图所示。

步骤 24 用同样的方法给复制的"纯色2"和文字图层创建"预合成2"，如下图所示。

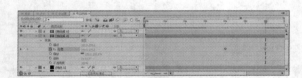

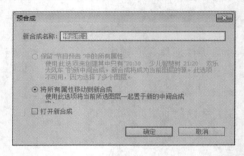

步骤 25 然后在00:00:04:00处为"预合成2"图层添加第一个关键帧，设置位置为（970, 100）；在00:00:06:00处添加第二个关键帧，设置位置为(580, 205)；如下图所示。

步骤 26 完成上述操作后，即可拖动时间滑块预览效果，如下图所示。

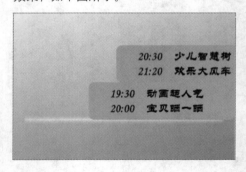

步骤 27 选中"预合成1"图层复制，并重命名为"投影"，如下图所示。

步骤 28 在"效果和预设"面板中依次选择"模糊和锐化>快速模糊"选项，给"投影"图层添加"快速模糊"效果，如下图所示。

步骤 29 打开效果控件面板，设置"快速模糊"效果参数，如下图所示。

步骤 30 用同样的方法给"投影"图层添加"线性擦除"效果，并在效果控件面板设置参数，如下图所示。

步骤 31 打开"投影"图层的"3D图层"并设置参数，在00:00:04:00处为"预合成2"图层添加第一个关键帧，设置不透明度为0；在00:00:04:20处添加第二个关键帧，设置不透明度为100%；如下图所示。

步骤 32 完成上述操作后，即可拖动时间滑块预览效果，如下图所示。

步骤 33 选择"纯色2"图层，在00:00:00:00处为"预合成2"图层添加第一个关键帧，设置不透明度为0；在00:00:02:00处添加第二个关键帧，设置不透明度为100%，如下图所示。

步骤 34 完成上述操作后，即可拖动时间滑块预览效果，如下图所示。

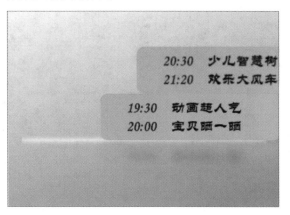

10.6 制作最终合成

下面将介绍最终合成的制作方法，其主要涉及到的知识点包括新建合成、嵌套合成、渲染以及输出等的应用。

步骤 01 依次执行"合成>新建合成"命令，新建一个"最终合成"，如下图所示。

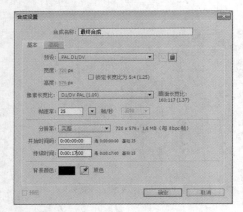

步骤 03 将时间指示器拖至00:00:05:00处，将"文字过渡"图层对齐；同样在00:00:10:00处，将"节目预告"图层对齐，如下图所示。

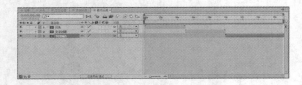

步骤 05 在"渲染队列"面板中单击"输出到"按钮，如下图所示。

步骤 07 完成操作后，即可在目标文件夹中观看导出视频，如右图所示。

步骤 02 单击"确定"按钮后，将"项目"面板中的"片头"、"文字过渡"和"节目预告"合成导入时间轴面板中，如下图所示。

步骤 04 完成操作后，依次执行"文件>导出>添加到渲染队列"命令，如下图所示。

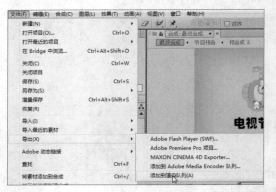

步骤 06 在弹出的对话框中设置保存路径和名称，单击"保存"按钮，在"渲染队列"面板中单击"渲染"按钮，如下图所示。

Chapter 11 制作儿童节电子相册

本章概述

电子相册的制作，主要是将拍摄的照片制作成一个以视频为主的电子相册形式。本案例将运用After Effects CC制作六一儿童节电子相册，通过对本案例的学习，可以让读者更好地了解制作电子相册的方式与技巧，熟练地制作出一个酷炫的电子相册文件。

核心知识点

① 新建项目与素材导入
② 关键帧的运用和设置
③ 字幕的创建和设置
④ 背景音乐应用与渲染

11.1 创意构思

　　六一儿童节是一个欢乐的节日，通过电子相册纪念六一节十分常见，也是一个很好的展示方法。因此本章将学习运用After Effects CC制作节日电子相册的方法，在此使用图片展示和背景音乐相结合的方式，并添加一些背景图片辅助，本实例最终完成后的部分画面如下图所示。

11.2　新建合成并设置片头动画

　　下面将介绍合成的新建和片头动画设置的操作方法，主要涉及到的知识点包括新建合成、文件导入、图层属性设置、关键帧效果的应用。

步骤 01 依次执行"合成>新建合成"命令，或者单击"项目"面板底部的"新建合成"按钮，如下图所示。

步骤 02 在弹出的"合成设置"对话框中设置相应的参数，如下图所示。

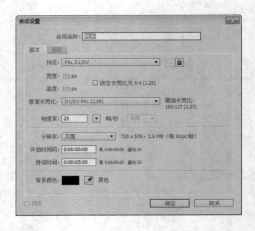

步骤 03 依次执行"文件>导入>文件"命令，或按Ctrl+I组合键，如下图所示。

步骤 04 在弹出的"导入文件"对话框中选择需要导入的文件，如下图所示。

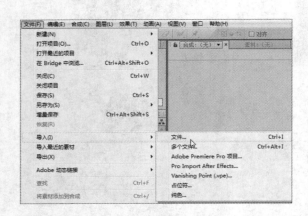

步骤 05 将"项目"面板中的"01.jpg"素材拖至时间轴面板，并设置参数，如下图所示。

步骤 06 完成操作后即可预览效果，如下图所示。

步骤 07 将"项目"面板中的"02.jpg"素材拖至时间轴面板，并设置参数，如下图所示。

步骤 08 完成上述操作后在合成窗口中预览效果，如下图所示。

步骤 09 选择"02.jpg"图层，在开始处添加第一个关键帧，设置位置为（360，-150），不透明度为0，如下图所示。

步骤 10 将时间指示器拖至00:00:02:00处，添加第二个关键帧，设置位置为（360，200），缩放为80%，不透明度为100%，如下图所示。

步骤 11 完成上述操作后，即可预览效果，如下图所示。

步骤 12 将时间指示器拖至00:00:01:10处，添加第三个关键帧，设置缩放为100%，如下图所示。

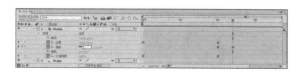

步骤 13 在00:00:01:10处，添加第四个关键帧，设置缩放为80%，如下图所示。

步骤 14 完成上述操作后，拖动时间滑块即可在合成窗口预览效果，如下图所示。

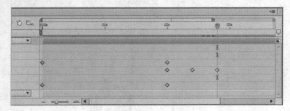

11.3 制作视频动画

下面将介绍视频动画操作方法，主要涉及到的知识点包括新建合成、图层属性设置、关键帧效果的应用。

步骤01 按照前面介绍的方法新建"合成1"合成，如下图所示。

步骤02 将"项目"面板中的"03.jpg"素材拖至时间轴面板，并设置参数，如下图所示。

步骤03 同样将"05.jpg"和"06.jpg"素材拖至时间轴面板，如下图所示。

步骤04 选择"05.jpg"图层，设置其参数，如下图所示。

步骤05 选择"06.jpg"图层，设置其参数，如下图所示。

步骤06 完成上述操作后，即可在合成窗口中预览效果，如下图所示。

中文版After Effects CC艺术设计实训案例教程

步骤 07 选择工具栏中的横排文字工具，如下图所示。

步骤 08 在合成窗口中输入文字"小小主持人"，如下图所示。

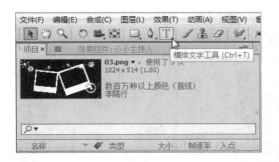

步骤 09 设置"小小主持人"文字层的相关参数，如下图所示。

步骤 10 完成上述操作后即可预览文字效果，如下图所示。

步骤 11 用同样的方法输入文字"优美的舞蹈"，并设置相应的参数，如下图所示。

步骤 12 完成上述操作之后，在合成窗口中预览效果，如下图所示。

步骤 13 选择"小小主持人"文字层,将时间指示器拖至开始处,添加第一个关键帧,设置不透明度为0,如下图所示。

步骤 15 用同样的方法在开始处给"优美的舞蹈"文字层添加第一个关键帧,设置不透明度为0;在00:00:01:00处,添加第二个关键帧,设置不透明度为100%,如下图所示。

步骤 17 用同样的方法新建"合成2"合成,如下图所示。

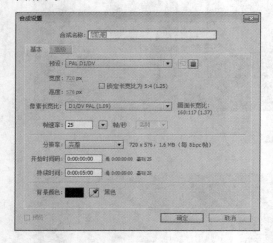

步骤 19 设置"03.jpg"、"07.jpg"和"08.jpg"图层的相关属性,如下图所示。

步骤 14 在00:00:01:00处,添加第二个关键帧,设置不透明度为100%,如下图所示。

步骤 16 完成上述操作之后,在合成窗口中预览效果,如下图所示。

步骤 18 将"项目"面板中的"03.jpg"、"07.jpg"和"08.jpg"素材拖至时间轴面板,如下图所示。

步骤 20 完成操作后即可预览效果,如下图所示。

步骤 21 选择"07.jpg"图层，将时间指示器拖至开始处，添加第一个关键帧，设置不透明度为0，如下图所示。

步骤 22 在00:00:01:00处，添加第二个关键帧，设置不透明度为100%，如下图所示。

步骤 23 用同样的方法在开始处给"08.jpg"图层添加第一个关键帧，设置不透明度为0；在00:00:01:00处，添加第二个关键帧，设置不透明度为100%，如下图所示。

步骤 24 完成上述操作之后，拖动时间滑块在合成窗口中预览效果，如下图所示。

步骤 25 将"合成1"中的文字复制到"合成2"中，如下图所示。

步骤 26 将"小小主持人"文字层中的文字改成"可爱合唱团"，然后把"优美的舞蹈"文字层中的文字改成"温暖的礼物"，如下图所示。

步骤 27 用同样的方法新建"合成3"合成，如下图所示。

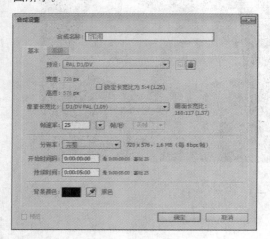

步骤 28 将"项目"面板中的"03.jpg"、"09.jpg"和"10.jpg"素材拖至时间轴面板，如下图所示。

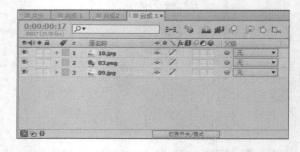

步骤 29 设置"03.jpg"、"09.jpg"和"10.jpg"图层的相关属性，如下图所示。

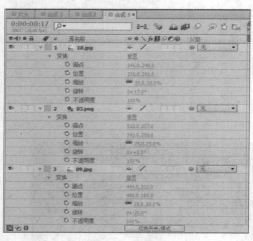

步骤 30 完成操作后即可预览效果，如下图所示。

步骤 31 将"合成1"中的文字复制到"合成3"中，如下图所示。

步骤 32 将"小小主持人"文字层中的文字改成"可爱儿童画"，并将"优美的舞蹈"文字层中的文字改成"最美手抄报"，如下图所示。

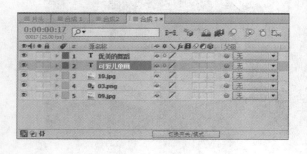

中文版After Effects CC艺术设计实训案例教程

11.4 制作片尾字幕

下面将介绍片尾字幕的制作方法，主要涉及到的知识点包括新建字幕、字符属性设置、关键帧应用。

步骤 01 用同样的方法新建"片尾"合成，如下图所示。

步骤 02 单击工具栏中的横排文字工具，选择文字工具，如下图所示。

步骤 03 在合成窗口中输入"谢谢"，如下图所示。

步骤 04 打开"字符"面板并设置相关参数，如下图所示。

步骤 05 完成操作后，即可预览文字效果，如下图所示。

步骤 06 选择文字"快"，在"字符"面板中单击"填充颜色"按钮，如下图所示。

步骤 07 设置颜色为RGB（255，0，0），如下图所示。

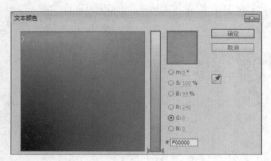

步骤 08 在"字符"面板中单击"描边颜色"按钮，如下图所示。

步骤 09 在弹出的"文本颜色"对话框中设置颜色为RGB（100,0,30），如下图所示。

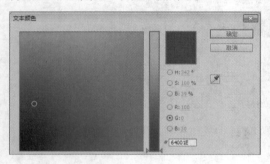

步骤 10 完成上述操作后，即可预览效果，如下图所示。

步骤 11 用同样的方法选中第二个文字"谢"，设置颜色为RGB（255，255，0），添加"外描边"效果，设置颜色为RGB（255，0，0），如下图所示。

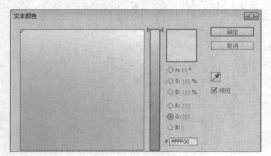

步骤 12 用同样的方法在合成窗口中输入文字"观看"，如下图所示。

步骤 13 选择文字"观"，设置"颜色"为RGB（255，0，255）；选择文字"看"，设置颜色为RGB（0，255，0），效果如下图所示。

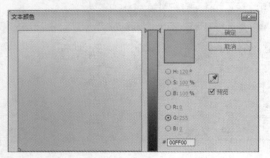

步骤 14 完成上述操作后，即可预览效果，如下图所示。

中文版After Effects CC艺术设计实训案例教程

步骤 15 选择"谢谢"图层，将时间指示器拖至开始处，给位置添加第一个关键帧，设置参数如下图所示。

步骤 17 选择"位置"选项，在合成窗口中拖曳路径上的锚点，调整路径的形状，如下图所示。

步骤 19 选择"观看"图层，用同样的方法在开始处给"位置"添加第一个关键帧，设置参数如下图所示。

步骤 21 用同样的方法在合成窗口中调整路径形状，如下图所示。

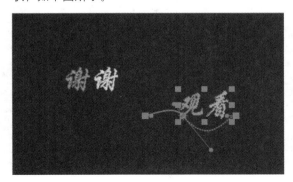

步骤 16 用同样的方法，在00:00:01:00处添加第二个关键帧，设置位置为（150,240）；在00:00:02:00处添加第三个关键帧，设置位置为（250,240），如下图所示。

步骤 18 完成上述操作后，即可预览效果，如下图所示。

步骤 20 在00:00:01:00处添加第二个关键帧，并设置位置为（450,310）；在00:00:02:00处添加第三个关键帧，设置位置为（350,310），如下图所示。

步骤 22 完成上述操作后，即可拖动时间滑块预览效果，如下图所示。

制作儿童节电子相册

11.5 创建最终合成并导入音乐

下面将介绍最终合成的创建和背景音乐的导入等操作方法，主要涉及到的知识点包括新建合成和音频的导入等应用。

步骤01 按照前面介绍的方法新建"最终合成"合成，如下图所示。

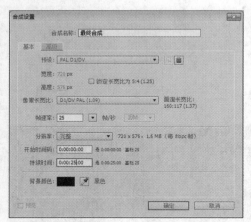

步骤03 在时间轴面板中调整位置，如下图所示。

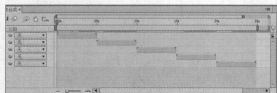

步骤05 把"项目"面板中的"01.jpg"素材导入时间轴面板，并设置相应的参数，如下图所示。

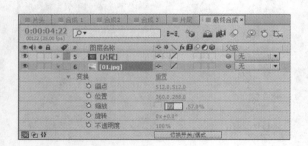

步骤02 将"项目"面板中的"片头"、"合成1"、"合成2"、"合成3"和"片头"拖入"最终合成"的时间轴面板中，如下图所示。

步骤04 完成上述操作后，即可拖动时间滑块预览效果，如下图所示。

步骤06 在时间轴面板中拖曳"01.jpg"与"合成4"对齐，如下图所示。

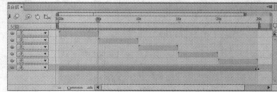

步骤 07 把"项目"面板中的"music.mp3"导入时间轴面板，如下图所示。

步骤 08 完成上述操作后，即可拖动时间滑块预览效果，如下图所示。

11.6 渲染并输出文件

下面将介绍合成的渲染和输出的操作方法，主要涉及到的知识点包括"渲染队列"和"输出"等操作。

步骤 01 依次执行"文件>导出>添加到渲染队列"命令，如下图所示。

步骤 02 在"渲染队列"面板中单击"输出到"按钮，如下图所示。

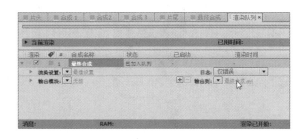

步骤 03 在弹出的对话框中设置保存路径和名称，如下图所示。

步骤 04 单击"保存"按钮，在"渲染队列"面板中单击"渲染"按钮，如下图所示。

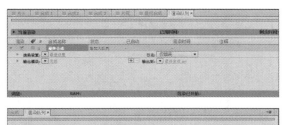

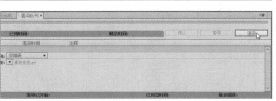

Chapter 12 制作手机广告

本章概述

在这个媒体时代，层出不穷的广告有不同的载体，而手机广告也非常常见。本案例将运用After Effects CC制作手机广告特效，通过对本章内容的学习，读者可以更好地了解梯度渐变、百叶窗、CC粒子世界、3D描边和辉光特效的使用。

核心知识点

1 新建项目与素材导入
2 关键帧的运用和设置
3 字幕的创建和设置
4 背景音乐的应用与渲染

12.1 创意构思

　　随着手机用户普及率的逐渐提高，手机广告也层出不穷。有创意的广告才能给手机增加闪光点，因此本章将学习运用After Effects CC制作手机广告展示，本实例最终完成后的部分画面效果如下图所示。

中文版After Effects CC艺术设计实训案例教程

12.2 新建合成并创建背景

下面将介绍合成的新建和设置背景效果的操作方法，主要涉及到的知识点包括新建合成、文件导入、"镜头光晕"效果、"梯度渐变"效果和"百叶窗"效果应用。

步骤 01 依次执行"合成>新建合成"命令，或者单击"项目"面板底部的"新建合成"按钮，如下图所示。

步骤 02 在弹出的"合成设置"对话框中设置相应的参数，如下图所示。

步骤 03 依次执行"文件>导入>文件"命令，或按Ctrl+I组合键，如下图所示。

步骤 04 在弹出的"导入文件"对话框中选择需要导入的文件，如下图所示。

步骤 05 在时间轴面板空白处右击，在弹出的菜单栏中依次执行"新建>纯色"命令，如下图所示。

步骤 06 在弹出的"纯色设置"对话框中设置相应的参数，如下图所示。

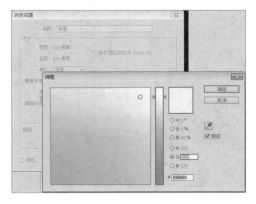

步骤07 单击"确定"按钮后，依次选择"效果和预设>生成>镜头光晕"选项，给"背景"图层添加"镜头光晕"效果，如下图所示。

步骤08 打开效果控件面板，设置"镜头光晕"效果参数，如下图所示。

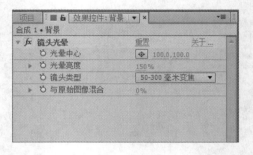

步骤09 完成上述操作后，在合成窗口中预览效果，如下图所示。

步骤10 新建"纯色1"图层，在"纯色设置"对话框中设置参数，如下图所示。

步骤11 依次选择"效果>生成>梯度渐变"选项，给"纯色1"图层添加"梯度渐变"效果，如下图所示。

步骤12 打开效果控件面板，设置"梯度渐变"效果参数，起始颜色为RGB（200，200，200），如下图所示。

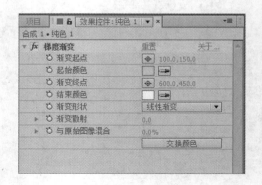

中文版After Effects CC艺术设计实训案例教程

184

步骤 13 完成上述操作后，在合成窗口中预览效果，如下图所示。

步骤 14 依次选择"效果和预设>过渡>百叶窗"选项，给"纯色1"图层添加"百叶窗"效果，如下图所示。

步骤 15 打开效果控件面板，设置"百叶窗"效果参数，如下图所示。

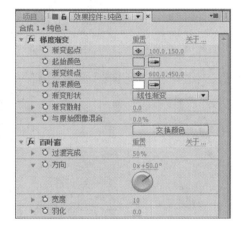

步骤 16 完成上述操作后，在合成窗口中预览效果，如下图所示。

步骤 17 在工具栏中选择椭圆工具，如下图所示。

步骤 18 在合成窗口中绘制圆形遮罩，完成效果如下图所示。

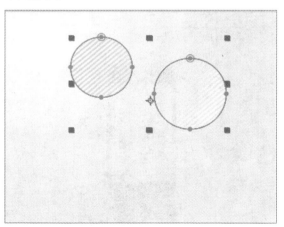

12.3 制作透视效果

　　下面将介绍创建透视效果并设置其参数的操作方法，主要涉及到的知识点包括3D图层和线性擦除效果的应用。

步骤 01 将"项目"面板中的"01.png"素材拖至时间轴面板，开启3D图层，并设置参数，如下图所示。

步骤 02 完成上述操作后，即可在合成窗口中预览效果，如下图所示。

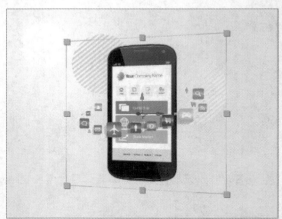

步骤 03 选择"01.png"图层，按Ctrl+D组合键复制，并重命名为"01影.png"，如下图所示。

步骤 04 展开"变换"属性，并设置参数，如下图所示。

步骤 05 完成上述操作后，即可在合成窗口中预览效果，如下图所示。

步骤 06 依次选择"效果和预设 > 过渡 > 线性擦除"选项，给"01影.png"图层添加"线性擦除"效果，如下图所示。

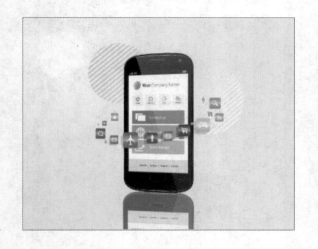

步骤 07 打开效果控件面板，设置"线性擦除"效果参数，如下图所示。

步骤 08 完成上述操作后，即可在合成窗口中预览效果，如下图所示。

12.4 制作装饰效果

广告制作中经常会利用图层设置对画面进行装饰，下面将介绍图层设置及效果添加的操作方法，主要涉及到的知识点包括图层属性设置、添加图层效果和预合成。

步骤 01 将"项目"面板中的"04.png"素材拖至时间轴面板，并设置参数，如下图所示。

步骤 02 完成上述操作后，即可在合成窗口中预览效果，如下图所示。

步骤 03 将"项目"面板中的"03.png"素材拖至时间轴面板，并设置参数，如下图所示。

步骤 04 完成上述操作后，即可在合成窗口中预览效果，如下图所示。

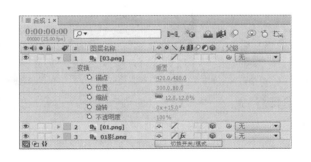

制作手机广告

步骤 05 将"项目"面板中的"02.png"素材拖至时间轴面板，并设置参数，如下图所示。

步骤 06 完成上述操作后，即可在合成窗口中预览效果，如下图所示。

步骤 07 将"项目"面板中的"05.png"素材拖至时间轴面板，并设置参数，如下图所示。

步骤 08 完成上述操作后，即可在合成窗口中预览效果，如下图所示。

步骤 09 用同样的方法复制"05.png"图层，重命名为"05影.png"，并设置参数，如下图所示。

步骤 10 完成上述操作后，即可预览效果，如下图所示。

步骤 11 用同样的方法为"05影.png"图层添加"线性擦除"效果，在效果控件面板设置参数，如下图所示。

步骤 12 完成上述操作后，即可预览效果，如下图所示。

中文版After Effects CC艺术设计实训案例教程

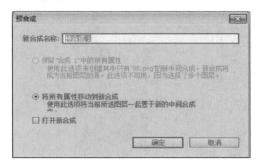

步骤 13 选择 "05.png" 和 "05影.png" 图层并右击，选择 "预合成" 命令，如下图所示。

步骤 14 在弹出的 "预合成" 对话框中单击 "确定" 按钮，如下图所示。

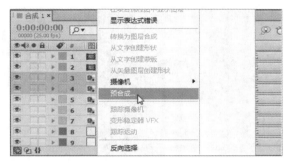

步骤 15 复制 "预合成1" 图层，重命名为 "预合成2"，并打开3D图层设置参数，如下图所示。

步骤 16 完成上述操作后，即可在合成窗口预览效果，如下图所示。

12.5 设置粒子效果

在After Effects CC中，利用CC Particle World特效制作粒子效果，在影视节目制作中十分常见。下面将介绍创建粒子特效并设置其参数的操作方法，主要涉及到的知识点包括新建纯色图层、添加粒子效果并设置参数。

步骤 01 使用前面介绍的方法新建 "粒子" 纯色图层，如下图所示。

步骤 02 依次执行 "效果>模拟>CC Particle World" 命令，为 "粒子" 图层添加 "CC Particle World（粒子世界）" 效果，如下图所示。

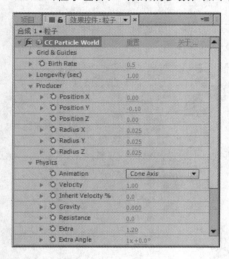

步骤 03 打开效果控件面板，设置〝CC Particle World（粒子世界）〞效果的参数，如下图所示。

步骤 04 完成上述操作后，即可拖动时间滑块预览效果，如下图所示。

步骤 05 设置〝CC Particle World（粒子世界）〞效果的Particle参数，如下图所示。

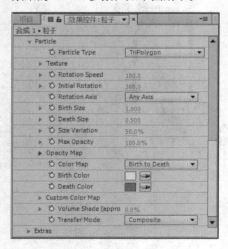

步骤 06 完成上述操作后，即可拖动时间滑块预览效果，如下图所示。

12.6 制作光线效果

光线效果的制作在广告制作中十分常见，下面将介绍光线效果的制作和设置，主要涉及到的知识点包括新建纯色图层、绘制遮罩路径和〝Starglow（辉光）〞效果的运用。

中文版After Effects CC艺术设计实训案例教程

步骤 01 用前面介绍的方法新建"光线"纯色图层，如下图所示。

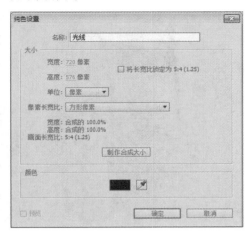

步骤 02 在工具栏中选择钢笔工具，如下图所示。

步骤 03 在合成窗口中绘制一个遮罩路径，如下图所示。

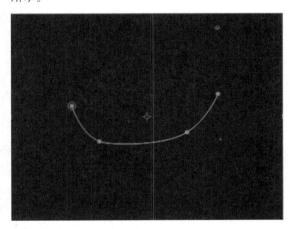

步骤 04 依次选择"效果和预设>Trapcode>3D Stroke"选项，为"粒子"图层添加3D Stroke（3D描边）效果，如下图所示。

步骤 05 打开效果控件面板，设置3D Stroke（3D描边）效果参数，如下图所示。

步骤 06 依次选择"效果和预设>Trapcode>Starglow"选项，为"粒子"图层添加Starglow（辉光）效果，如下图所示。

步骤 07 打开效果控件面板，设置Starglow（辉光）效果参数，如下图所示。

步骤 08 完成上述操作后，即可在合成窗口预览效果，如下图所示。

12.7 渲染并输出文件

影视节目效果制作完成后，需要对文件进行渲染和输出，下面将介绍项目渲染和输出的操作方法，主要涉及到的知识点包括添加到渲染队列、设置输出名称和路径等。

步骤 01 依次执行"文件>导出>添加到渲染队列"命令，如下图所示。

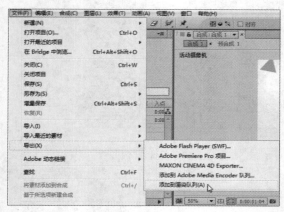

步骤 02 在"渲染队列"面板中单击"输出到"按钮，如下图所示。

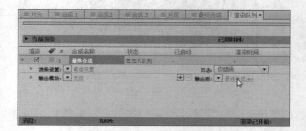

步骤 03 在弹出的对话框中设置保存路径和名称，并单击"保存"按钮。随后在"渲染队列"面板中单击"渲染"按钮，如右图所示。

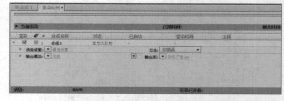

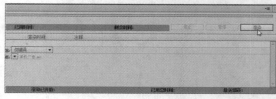